高等学校通信工程专业"十二五"规划教材

射频通信系统

雷文太　董　健　主　编

石金晶　副主编

中国铁道出版社
CHINA RAILWAY PUBLISHING HOUSE

内 容 简 介

本书以近年来通信领域的若干前沿热点问题为研究对象,并借鉴和参考国内外的相关研究成果而编写。主要内容包括:软件无线电通信技术、超宽带技术、人体区域无线通信系统、机器间通信系统和量子通信系统。在编写的过程中,注意与前后相关课程"通信与网络""现代通信网络技术""近距离通信""物联网技术与应用""无线传感器网技术""通信工程管理"在内容上的呼应和互补,保持了整套教材的自洽性。在内容安排上,兼顾通信理论的新发展和实践应用,给出了具体的通信系统实现的实例,有助于学生加深对新技术的理解。

本书适合作为普通高学院校电子信息类专业的教材,也可作为通信工程、网络工程、物联网工程等工程技术人员的参考用书。

图书在版编目(CIP)数据

射频通信系统/雷文太,董健主编. —北京:中国
铁道出版社,2017.4(2024.12重印)
高等学校通信工程专业"十二五"规划教材
ISBN 978-7-113-22940-5

Ⅰ.①射… Ⅱ.①雷… ②董… Ⅲ.①射频电路—电路
设计—高等学校—教材 Ⅳ.①TN710.02

中国版本图书馆 CIP 数据核字(2017)第 057453 号

书　　名:**射频通信系统**
作　　者:雷文太　董 健　主编

策　　划:周海燕　曹莉群　　　　　　　　　　**读者热线:**(010)63549501
责任编辑:周海燕　彭立辉
封面设计:一克米工作室
封面制作:白　雪
责任校对:张玉华
责任印制:赵星辰

出版发行:中国铁道出版社有限公司(100054,北京市西城区右安门西街8号)
网　　址:https://www.tdpress.com/51eds/
印　　刷:北京铭成印刷有限公司
版　　次:2017 年 4 月第 1 版　　2024 年 12 月第 4 次印刷
开　　本:787 mm×1 092 mm　1/16　印张:9.25　字数:211 千
书　　号:ISBN 978-7-113-22940-5
定　　价:29.00 元

高等学校通信工程专业"十二五"规划教材

在社会信息化的进程中，信息已成为社会发展的重要资源，现代通信技术作为信息社会的支柱之一，在促进社会发展、经济建设方面，起着重要的核心作用。信息的传输与交换的技术即通信技术是信息科学技术发展迅速并极具活力的一个领域，尤其是数字移动通信、光纤通信、射频通信、Internet 网络通信使人们在传递信息和获得信息方面达到了前所未有的便捷程度。通信技术在国民经济各部门和国防工业以及日常生活中得到了广泛的应用，通信产业正在蓬勃发展。随着通信产业的快速发展和通信技术的广泛应用，社会对通信人才的需求在不断增加。通信工程（也作电信工程，旧称远距离通信工程、弱电工程）是电子工程的一个重要分支，电子信息类子专业，同时也是其中一个基础学科。该学科关注的是通信过程中的信息传输和信号处理的原理和应用。本专业学习通信技术、通信系统和通信网等方面的知识，能在通信领域中从事研究、设计、制造、运营及在国民经济各部门和国防工业中从事开发、应用通信技术与设备的相关工作。

社会经济发展不仅对通信工程专业人才有十分强大的需求，同样通信工程专业的建设与发展也对社会经济发展产生重要影响。通信技术发展的国际化，将推动通信技术人才培养的国际化。目前，世界上有 3 项关于工程教育学历互认的国际性协议，签署时间最早、缔约方最多的是《华盛顿协议》，也是世界范围知名度最高的工程教育国际认证协议。2013 年 6 月 19 日，在韩国首尔召开的国际工程联盟大会上，《华盛顿协议》全会一致通过接纳中国为该协议签约成员，中国成为该协议组织第 21 个成员，标志着中国的工程教育与国际接轨。通信工程专业积极采用国际化的标准，吸收先进的理念和质量保障文化，对通信工程教育改革发展、专业建设，进一步提高通信工程教育的国际化水平，持续提升通信工程教育人才培养质量具有重要意义。

为此，中南大学信息科学与工程学院启动了通信工程专业的教学改革和课程建设，以及 2016 版通信工程专业培养方案，并与中国铁道出版社在近期联合组织了一系列通信工程专业的教材研讨活动。他们以严谨负责的态度，认真组织教学一线的教师、专家、学者和编辑，共同研讨通信工程专业的教育方法和课程体系，并在总结长期的通信工程专业教学工作的基础上，启动了"高等学校通信工程专业'十二五规划'教材"的编写工作，成立了高等学校通信工程专业"十二五规划"教材编委会，由中南大学信息科学与工程学院主管教学的副院长施荣华教授、中南大学信息科学与工程学院电子与通信工程系李宏教授担任主任，邀请国家教学名师、国防科技大学邹逢兴教授担任主审。力图编写一套通信工程专业的知识结构简明完整的、符合工程认证教育的教材，相信可以对全国的高等院校通信工程专业的建设起到很好的促进作用。

本系列教材拟分为三期，覆盖通信工程专业的专业基础课程和专业核心课程。教材内容覆盖和知识点的取舍本着全面系统、科学合理、注重基础、注重实用、知识宽泛、关注发展的原则，比较完整地构建通信工程专业的课程教材体系。第一期包括以下教材：

《信号与系统》《信息论与编码》《网络测量》《现代通信网络》《通信工程导论》《北斗卫星通信》《射频通信系统》《数字图像处理》《嵌入式通信系统》《通信原理》《通信工程应用数学》《电磁场与电磁波》《电磁场与微波技术》《现代通信网络管理》《微机原理与接口技术》《微机原理与接口实验指导》《信号与系统分析》《计算机通信网络安全技术及应用》。

本套教材如有不足之处，请各位专家、老师和广大读者不吝指正。希望通过本套教材的不断完善和出版，为我国通信工程专业的发展和人才培养做出更大贡献。

高等学校通信工程专业"十二五"规划教材编委会

2015.7

前　言

　　随着电子技术、数字信号处理技术和互联网技术的飞速发展，传统通信领域正面临着冲击与革新。先进的数字信号处理方法配以高速数字处理系统可以取代传统的通信系统，且具有良好的兼容性和可扩展性。这种软件无线电技术已经在当今移动通信基站中加以应用，并成为推动通信领域发展的新的助推器。作为当前个体感知技术的热点，可穿戴设备及其相关技术发展迅猛，由此衍生出人体区域无线通信系统的概念，内容涉及链路层的物理实现方式、MAC 协议和终端设计方法等。基于机器到机器通信方式的物联网通信技术，已成为通信领域新的热点，在 M2M 通信协议、体系架构、系统实现方面还处于发展阶段，该领域的发展近年来方兴未艾，具有广阔的应用前景。另外，高效安全的信息传输日益受到人们的重视，近年来发展起来的量子通信技术成为保障信息安全的重要技术手段，内容涉及量子密码通信、量子远程传态和量子密集编码等，该项技术已逐步从理论走向实验，并向实用化方向发展。上述新技术共同推动着通信理论和技术向着更为广阔的领地发展。

　　通信理论和技术发展越来越快，新技术、新系统不断涌现。作为人才培养主战场的高等学校，有责任将该领域的最新理论和技术传授给学生，本书正是在这一背景下进行编写的。本书介绍了通信工程领域的若干热点和前沿技术问题，内容包括：软件无线电通信技术、超宽带技术、人体区域无线通信系统、机器间通信系统和量子通信系统。本书在编写过程中，注意与前后相关课程在内容上的呼应和互补；在内容安排上，兼顾通信理论的新发展和实践应用，给出了具体的通信系统实现的实例。

　　本书是中国铁道出版社与中南大学信息科学与工程学院合作出版的电子信息大类丛书之一，从选题、编写到定稿，集合了众多学者的智慧。施荣华教授主持了本套丛书的编写工作，并指导了本书的内容安排。王国才老师负责与中国铁道出版社的联络合作事宜。

　　本书由雷文太、董健任主编，石金晶任副主编。具体编写分工：雷文太编写了第 1、3、4 章，董健编写了第 2 章，石金晶编写了第 5 章，全书由雷文太统稿。在编写过程中得到了中南大学信息科学与工程学院领导和老师们的大力支持，在此致以诚挚的谢意。

　　由于编者水平有限，书中疏漏与不妥之处在所难免，敬请读者批评指正。

编　者

2016 年 7 月

目 录

第 ① 章　软件无线电通信技术

1.1　SDR 概述

广义来讲，软件定义无线电（Software-Defined Radio，SDR）是指一个具有开放性、标准化、模块化的通用硬件平台，将各种功能，如工作频段、调制解调器类型、数据格式、加密模式、通信协议等用软件来完成，并使宽带 A/D 和 D/A 转换器尽可能靠近天线，从而实现具有高度灵活性、开放性的新一代无线通信系统。以上描述也适用于现代信号（频谱）分析仪等 RF（Radio Frequency）仪器仪表。

第一台软件定义的基带接收器是得州 E-Systems（现 Raytheon）公司在 1984 年设计实现的，而第一台软件定义的基带收发器是由 E-Systems 在 1987 年为 Patrick AFB 设计的 WSC-3（v）9。1989 年，Haseltine 和 Motorola c 又为 Rome AFB 开发出了更新的无线电产品 Speakeasy。而 SDR 这一概念则是由 Joe Mitola 于 1992 年在美国国家电信系统会议上首次明确提出的，其中心思想是构造一个具有开放性、标准化、模块化的通用硬件平台，将诸如工作频段选择、调制解调类型、数据格式、加密模式、通信协议设置等功能用软件来完成，并使宽带 A/D（模/数）和 D/A（数/模）转换器尽可能靠近天线，以研制出具有高度灵活性、开放性的新一代无线通信系统。可以说 SDR 是可用软件控制和再定义的通信系统。它利用软件来实现通信系统中的底层操作，从而可以快捷地开发调试并进行后期的更新维护。

理想的软件无线电应当是一种全部可软件编程的无线电，无线电平台具有最大的灵活性。全部可编程包括：可编程射频波段、信道接入方式、调制方式和编码方式。软件无线电系统中宽带模数转换器（Analog Digital Converter，ADC）、数模转换器（Digital Analog Converter，DAC）、数字信号处理器（Digital Signal Processer，DSP）尽可能地靠近射频天线。尽量利用软件技术来实现无线电中的各种功能模块并将功能模块按需要组合成特定无线电系统。例如：通过可编程数字滤波器对 ADC 得到的采样信号进行分离；利用数字信号处理技术在数字信号处理器上通过软件实现频段（如短波、超短波等）的选择，完成信息的抽样、量化、编码/解码、运算处理和变换，实现不同的调制方式及选择（如调幅、调频、跳频和扩频等），实现不同保密结构、网络协议和控制终端等功能。可实现的软件无线电，称作软件定义的无线电。根据通信系统提供的能力，有人将软件无线电系统分为五个级别，如表 1.1 所示。

表 1.1 软件无线电系统分级表

级 别	名 称	描 述
级别 0	硬件无线电	无线电系统由硬件实现,除了使用物理干预的方式,系统的属性、功能无法改变
级别 1	软件控制无线电	只有控制功能由软件实现,也就是只有有限的功能可以通过软件改变
级别 2	软件定义无线电	系统中大部分功能由软件实现,如调制技术、宽带或窄带操作、通信安全功能等
级别 3	理想软件无线电	可编程性扩展到了整个系统,模拟转换只存在于天线
级别 4	终极软件无线电	主要用于比较。完全的可编程业务和控制信息,并支持很广泛的频率范围、空中接口和应用

通常说的软件无线电,主要指级别 3,即理想软件无线电。软件无线电的概念被提出以来,已经在世界范围的无线电领域得到广泛关注。软件无线电具有灵活、开放的特点,不仅用于最初的军事领域,同时也用于民用通信,特别是在移动通信中获得广泛应用。现代的 SDR 示例包括卫星和地面无线电、军事联合战术无线电系统(JTRS)以及几乎任何蜂窝或陆地移动无线电终端或基站。SDR 的应用覆盖范围如图 1.1 所示。

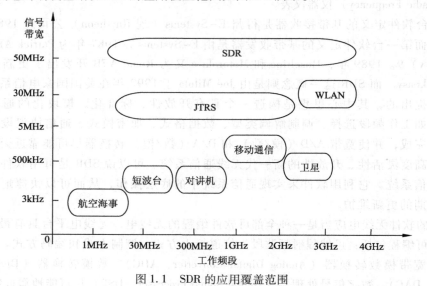

图 1.1 SDR 的应用覆盖范围

1.2 SDR 关键技术

SDR 是软件化、计算密集型的操作形式,它与数字和模拟信号之间的转换、计算速度、运算量、数据处理方式等问题息息相关,这些技术决定着软件无线电技术的发展程度和进展速度。宽带/多频段天线、高速 ADC 与 DAC 器件、高速数字信号处理器是软件无线电的关键技术。

1. 宽带/多频段天线

理想的软件无线电系统的天线部分应该能够覆盖全部无线通信频段，通常来说，由于内部阻抗不匹配，不同频段的天线是不能混用的。而软件无线电要在很宽的工作频率范围内实现无障碍通信，就必须有一种无论电台在哪一个波段都能与之匹配的天线。所以，实现软件无线电通信，必须有一个可通过各种频率信号而且线性性能好的宽带天线。软件无线电台覆盖的频段为 2 ~ 2 000 MHz。就目前天线的发展水平而言，研制一种全频段天线是非常困难的。一般情况下，大多数无线系统只要覆盖几个不同频段的窗口即可，不必覆盖全部频段。因此，现实可行的方法是采用组合式多频段天线的方案，即把 2 ~ 2 000 MHz 频段分为 2 ~ 30 MHz、30 ~ 500 MHz、500 ~ 2 000 MHz 三段，每一段可以采用与该波段相符的宽带天线。这样的宽带天线在目前的技术条件下是可以实现的，而且基本不影响技术使用要求。

2. 高速 ADC 与 DAC

在软件无线电通信系统中，要达到尽可能多的以数字形式处理无线信号，必须把 ADC 尽可能地向天线端推移，这样就对 ADC 的性能提出了更高的要求。为保证抽样后的信号保持原信号的信息，ADC 转换速率要满足 Nyquist 采样定律，即采样率至少为带宽的 2 倍。而在实际应用中，为保证系统更好的性能，通常需要大于带宽 2 倍的采样率。同时为了改善量化信噪比，需要增加 ADC 的量化精度。一般采样率和量化精度由 ADC 的电路特性和结构决定，而在实际情况下这两者往往是一对矛盾，即精度要求越高，则采样率一般就比较低；而降低精度就可以实现高速、超高速采样。

3. 高速数字信号处理器

DSP 是整个软件无线电系统中的核心，软件无线电的灵活性、开放性、兼容性等特点主要是通过以数字信号处理器为中心的通用硬件平台及软件来实现的。从前端接收的信号，或将从功放发射出去的信号都要经过数字信号处理器的处理，包括调制解调、编码解码等工作。由于内部数据流量大，进行滤波、变频等处理运算次数多，必须采用高速、实时、并行的数字信号处理器模块或专用集成电路才能达到要求。要完成这么艰巨的任务，必须要求硬件处理速度不断增加，同时要求算法进行针对处理器的优化和改进。在单个芯片处理速度有限的情况下，为了满足数字信号实时处理的需求，需要利用多个芯片进行并行处理。

1.3　SDR 系统组成

最简单通用的软件无线电平台如图 1.2 所示。各种客户所需要发送的业务首先通过通用的硬件平台，进行不同的处理，然后将数字信号交给数模/模数转换板卡，进行转换，最后通过射频板卡将信号经过天线发射出去。

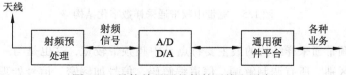

图 1.2　最简单通用的软件无线电平台

其核心思想是将一定频率范围的无线电信号全部接收下来，转换成数字信号，再进行软件化处理。从对模拟信号数字化处理来看，软件无线电结构基本上可以分为 3 种：射频低通采样数字化结构、射频带通采样数字化结构和宽带中频带通采样数字化结构。

1. 射频低通采样数字化结构

这种结构的软件无线电，结构简洁，把模拟电路的数量减少到最低程度。其结构如图 1.3 所示。

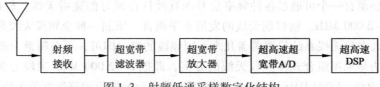

图 1.3　射频低通采样数字化结构

从天线接收的信号经滤波放大器后直接由 A/D 进行采样数字化，这种结构不仅对 ADC 的性能如转换速率、工作带宽、动态范围等提出了非常高的要求，同时对 DSP 或者专用集成电路处理速度的要求也非常高。这种超高的要求是目前的硬件水平无法达到的。

2. 射频带通采样数字化结构

射频带通采样结构可以适当降低上述结构对 ADC、高速 DSP 的要求。射频带通采样软件无线电结构与射频低通采样软件无线电结构的主要区别在于：射频带通采样无线电 A/D 前采用了带宽较窄的电调滤波器，然后根据所需的处理带宽进行带通采样。这样对 A/D 的采样速率的要求相对较低，对后续 DSP 的处理速度要求也大大降低。其结构图如图 1.4 所示。

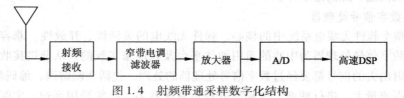

图 1.4　射频带通采样数字化结构

3. 宽带中频带通采样数字化结构

宽带中频带通采样结构其实与中频数字接收机的结构类似，都采用超外差体制。其结构如图 1.5 所示。

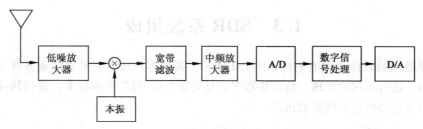

图 1.5　宽带中频带通采样数字化结构

这种宽带中频带通采样结构的最主要特点是中频频带较宽，这也是与一般超外差中频数字接收机的本质区别。所有调制解调、信道编解码、信号加解密、信号处理、频段选择等功能全部通过软件实现，还可以在同一平台上兼容多种通信模式。显而易见，这种结构对器件的性能要求最低，也是最容易实现的结构，但它偏离真正意义的软件无线电的要求最远，只能接收有限范围的无线电信号。鉴于目前的 A/D 转换芯片、DSP、FPGA 的处理速度，只有宽带中频采样结构是可以实现的，所以目前软件无线电的研究主要集中在宽带中频采样结构上，不过随着器件工艺水平的发展和性能的不断提高，其他结构也会实现。

1.4　SDR 平台的架构

SDR 的功能需求包括重新编程及重新设定的能力、提供并改变业务的能力、支持多标准的能力以及智能化频谱利用的能力等。下面从一个相对完整的 SDR 平台角度来阐述 SDR 平台的架构，主要包括以软件为中心的 SDR 架构和用于 SDR 信号处理的硬件结构两个方面。

1.4.1　以软件为中心的 SDR 架构

软件无线电，其重点在于基于一款通用平台来进行功能的软件化处理。在 SDR 探讨中，开发人员往往注重平台的硬件开发，偏重于搭建平台时使用器件的处理性能，以使得通用平台尽可能地接近理想软件无线电的设计要求。这使得一部分人忽略了 SDR 中软件平台的设计。研究人员提出了 SDR 软件平台的概念，是指在利用通用硬件平台实现 SDR 功能时的一种用户算法处理框架（或简单认为信号处理框架），甚至是一种操作环境（如满足软件通信体系架构规范用户接口环境）。SDR 软件平台（也称作 SDR 架构）负责的功能一般包括：

（1）提供用户接口，用户通过该接口添加、删除功能模块。

（2）算法封装，将算法包装与外界隔离。算法包括通信算法、信号处理算法、C/C ++ 等其他算法。

（3）互连接口，以完成模块间互连。

（4）中间信号的测试调试接口。

（5）调度器或者适配器，用来管理模块。

SDR 架构中，最受欢迎的两类开源平台分别是开源软件定义无线电（GNU Radio）和开源软件通信体系框架嵌入式解决方案（OSSIE）。二者都是着手于标准化和可移植化的代码开发，GNU Radio 的出发点是提供一种信号处理框架，而 OSSIE 的目标是提供一种软件通信体系架构（SCA）操作环境。

1. GNU Radio 平台

GNU Radio 是一种设计 SDR 的开源架构，其主要组件包括 6 个部分：通用框架、调度器、C ++ 和 Python 工具、数字信号处理（DSP）模块、用户接口界面、硬件前端的接口。这 6 个部分详细功能说明如下：

（1）一个为信号处理模块准备的通用框架，并且其可以连接到一个或多个其他模块。

（2）一个调度器，用于激活每个处理模块并且管理模块之间的相关数据传输。

（3）C ++ 和 Python 工具，用于建立多个模块间的流图，并将该流图连接到调度器上。

（4）一组足够多的用于滤波器、跟踪环等的常用 DSP 模块。

（5）用户接口界面，允许用户拖动模块、模块连线来实现 GNU Radio 的设计。

（6）一个与商用硬件前端的接口。前端硬件包括数模/模数转换器（DAC/ADC）和上下变频器，来提供通用处理器（GPP）和无线物理环境的接口。

GNU Radio 运行在 Linux 系统上。图 1.6 所示为 GNU Radio 图形用户接口界面，每一个小模块封装了不同的信号处理功能，而且这些算法功能都是开源的。大部分算法或者信号处理模块是基于 C++ 语言开发的，可读性强，同时也便于用户开发。模块间的通信是利用数据通道完成的，信息采用的是消息队列形式。GNU Radio 结合通用软件无线电外设（USRP）开发板，可以认为是一种 SDR 平台，研究人员可以利用这种平台进行一些算法的快速开发和 SDR 研究。

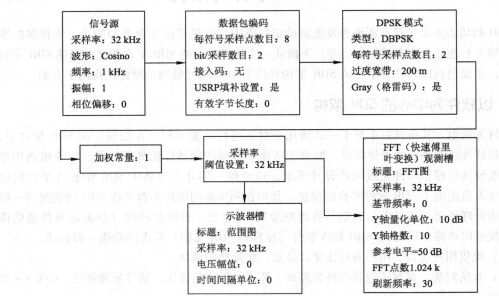

图 1.6　GNU Radio 图形用户接口界面

2. OSSIE 平台

OSSIE 是一种开发 SCA 兼容无线电的开源平台，提供了一种 SCA 操作环境。OSSIE 分配包括以下几部分：

（1）用来选择模块和互连模块的用户接口。

（2）定义新模块的用户接口，可以创建 C++ 程序框架，用户根据应用需要可以增减框架内所需要的信号处理代码。

（3）用来检查和调试波形的用户接口，该接口允许开发人员监视中间模块中的信号。监控器可以在运行中添加，便于观察中间波形，进行模块调试。

（4）基于开源对象请求代理（ORB）的 SCA 兼容公共对象请求代理体系结构（CORBA）。

（5）一系列学习指南和实验课程。Windows 用户可以直接下载相关组件并运行，不需要安装 Linux，相对于 GNU Radio 上手容易。

用户接口软件 OSSIE 提供了 SDR 架构设计、信号处理代码封装、接口调试、中间模块波形调试等功能，在 OSSIE 上开发完整的无线电是相当可行的。基于 OSSIE 架构，Prismtech 公司的 Spectra 系统提供了一个完整的用来开发 SCA 兼容波形的操作环境。

3. 不同开源 SDR 平台间对比

GNU Radio 是由专门的业余爱好者创立，以节省开支和临时应急验证为目的的一种快速开发工具；而 OSSIE 符合军方开发标准。二者都是着手于标准化和可移植化的代码开发。

GNU Radio 的出发点是提供一种信号处理框架，与之不同的是 OSSIE 的目标是提供一种 SCA 操作环境。GNU Radio 运行在 Linux 平台上，且直接访问文件系统和硬件；SCA 波形运行在 OSSIE 提供的一个良好的操作环境下，应用程序界面抽象描述了文件系统和硬件。在 GNU Radio 上的模块之间通过 Python 或者 C++指令来互相连接，采样数据是通过用户自定义的循环缓冲来传输。OSSIE 采用可扩展置标语言（XML）文件定义模块连接，而实际是通过 CORBA 服务完成了连接。最重要的是 OSSIE 基于 ORB 结构，采用了传输控制协议/网际协议（TCP/IP）传输采样数据。特别说明，ORB 允许不同的模块运行在不同的机器上，而 GNU Radio 平台上的流图只能在同一台机器上运行。通过比较发现，GNU Radio 更像是 OSSIE 中的一种功能组件，完成的是 OSSIE 的信号处理功能。

1.4.2　用于 SDR 信号处理的硬件结构

SDR 要求硬件系统具有功能可重构、较高的实时处理能力，要求适应性广、升级换代简便。一般情况下，要求 SDR 硬件系统具备如下特点：支持多处理器系统，具有宽带高速数据传输 I/O 接口，结构模块化、标准化、规范化等。常见的 SDR 平台就是 CPU + DSP + FPGA 这种形式。即使不具备全部硬件，但仍然可以进行 SDR 开发，因为 SDR 更像是一种设计理念，重在软件和算法处理，其组件（不管是硬件平台，还是软件算法）满足同一种规范，则具备 SDR 可重构的灵活性。目前，存在 4 种主流 SDR 硬件平台结构：基于 GPP 的 SDR 结构、基于现场可编程门阵列（FPGA）的 SDR（Non-GPP）结构、基于 GPP + FPGA/SDP 的混合 SDR 结构、多通道 SDR 结构。

1. 基于 GPP 的 SDR 结构

基于 GPP 的 SDR 结构提供了最大的灵活性和最简单的开发。GPP 最适合用于实验室环境的研究和开发，研究者能够快速尝试一系列算法和波形。一款高配 PC 在运行相当复杂的波形情况下，数据传输速率 ≥ 1 Mbit/s，通过以太网、USB、PCI 等标准接口可以直接处理数字基带或者低中频采样数据，并且可以通过多核处理来提高数据的吞吐量。但是，对于这种结构来说更适合处理数据块，并不擅长处理实时采样数据，数据延时和抖动是其面临的主要问题。操作系统会引进延时和抖动，Windows 系统抖动可能超过 10 ms，而像 VxWorks 这种实时操作系统抖动可以限制在 1 ms 内。

基于 GPP 的 SDR 结构比较简单，其结构一般如图 1.7 所示，只包括天线、ADC/DAC、数据缓冲模块（FIFO）和 GPP。这种架构对于开发人员来说，相当方便和灵活，直接接入个人 PC 就可以进行算法开发和测试，但它也存在缺点，如上所述，延时和数据处理的方式等。

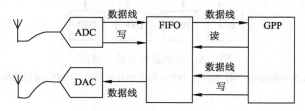

图 1.7　基于 GPP 的 SDR 结构

ADC—模数转换器；FIFO—数据缓冲模块；DAC—数模转换器；GPP—通用处理器

2. 基于 FPGA 的 SDR（Non-GPP）结构

基于 FPGA 的 SDR 结构的实现比较困难。FPGA 适合于高数据传输速率和大带宽信号波形应用，并且可以用于灵活实现无线电和多种多样的波形设计，但是在结构上与 GPP 存在本质区别。GPP 在内存中执行指令且很容易从一个指令功能转换到另一种功能，而 FPGA 上的功能直接映射成了硬件电路，一个新功能需要更多的 FPGA 资源。同时，FPGA 的高度并行结构十分适合数据流处理，但是不适合密集型控制处理。另一方面，FPGA 的配置文件高达 40 MB，配置时间长达 100 ms，而且重新配置是容易丢失芯片中的数据。这些问题直接造成了多波形设计中重新加载的时间太长的问题。虽然一部分 FPGA 支持局部重配置的功能，但是这项技术相当困难并且严重受到开发工具的限制。让人兴奋的是，FPGA 实现了 2011 年提出的三项建议：

（1）专用 GPP 与 FPGA 一同使用。

（2）通过使用可用的逻辑资源在 FPGA 上嵌入一个全功能的单片机。

（3）将 FPGA 和 GPP 结合制作成单一器件（如 Xilinx ZYNQ 系列）。

将 FPGA 和 GPP 结合制作成单一器件，并不是像嵌入了单片机模块，这种片上单片机上电可用，并且不需要 FPGA 就可以进行编程设计。由此可知，基于 FPGA 的 SDR 架构时代已经到来，新一代 SDR 将在新技术下越来越有意义。

3. 基于 GPP + FPGA/DSP 的混合 SDR 结构

基于 GPP + FPGA/DSP 的混合 SDR 结构，分为 GPP + FPGA、GPP + DSP + FPGA 两种主要架构形式。这种组合结构融合不同器件的优点，取长补短，在功耗要求比较宽松的实验室环境下，能够给开发人员提供一种快速验证各类算法性能高的平台。

图 1.8 所示为这种结构的互连示意图。这种结构一般对异构器件间的数据交换的性能要求较高，不同器件间通信一般会采用 PCI 接口方式［(1.25 Gbit/s)/1x］和串行高速输入输出（SRIO）接口方式［(1.5 Gbit/s)/1x］。PCI Express 主要用于计算机中芯片间、板卡间的数据传输；RapidIo 主要用于嵌入式系统内芯片间、板间数据传输，其目标就是嵌入式系统内的高性能互连。这种混合 SDR 结构，可以充分地利用各种器件的优势，但同时也存在着接口设计复杂和能耗大的问题。

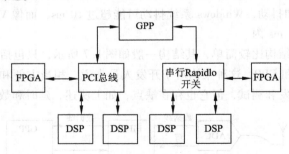

图 1.8　异构器件互连示意图

FPGA—现场可编程门阵列；DSP—数字信号处理器；GPP—通用处理器

4. 多通道 SDR 结构

除了上述讨论的 SDR 基本结构，也存在多通道 SDR 结构，如图 1.9 所示。多通道 SDR 旨在多并发用户共享相同的带宽，例如在一种互不兼容无线电模式下的无线电转换，允许不同模式下用户间对话。这种架构最简单的结构就是整合一组独立的 SDR，每一个 SDR 支持一个或多个信道，一般这些 SDR 分别具有低速率、中速率、高速率处理能力。这种结构除了对多种用户接口、复杂的算法设计、系统设计提出高要求，也对信号处理器（GPP/FPGA/DSP）

和射频模块（ADC/DAC/放大器）的性能提出了较高的要求。

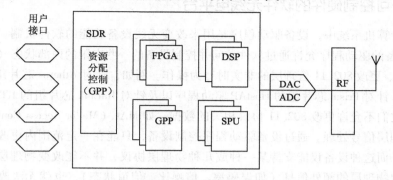

图 1.9　多通道 SDR 结构

ADC—模数转换器；DSP—数字信号处理；GPP—通用处理器；DAC—数模转换器；

SPU—通用处理器；FPGA—现场可编程门阵列；RF—射频

目前，业界也出现了一系列支持 SDR/CR 的高性能开发平台，均是基于以上讨论的架构。例如，National Instruments 公司的 USRP、BeeCube 公司的 BEE3、基于 Xilinx ZYNQ 系列的 ZingBoard/ ZedBoard 开发板等。这些现有的具有 SDR 开发能力的开发板大多属于商业产品，并不是专业应用于 SDR 开发的产品，辅以个人 PC 设备才能进行一定意义上的 SDR 设计。

1.5　SDR 开发工具

SDR 的目的是建立开放式、标准化、模块化的通用硬件平台，将各种功能，如频率、调制方式、数据传输速率、加密模式、通信协议等都用软件来完成，因此软件无线电设备更易于重新配置，从而可灵活地进行多制式切换并适应技术的发展演进。广义上的软件无线电分为三类：

第一类是基于可控制硬件的软件无线电平台。这种平台是将多种不同制式的硬件设备集成在一起，这种方式只能在预置的几种制式下切换，要增加对新的制式的支持则意味着集成更多的电路，重配置能力十分有限。通过设备驱动程序来管理、控制硬件设备的工作模式和状态。

第二类是基于可编程硬件的软件无线电平台。这种平台基于现场可编程门阵列（FPGA）和数字信号处理器（DSP），重配置的能力得到了很大提高。但是，用于 FPGA 的 VHDL、Verilog 等编程语言都是针对特定厂商的产品，使得这种方式下的软件过分依赖于具体的硬件，可移植性较差。此外，对广大技术人员来说，FPGA 和 DSP 开发的门槛依然较高，开发过程也相对比较烦琐。

第三类是基于通用处理器的软件无线电平台。针对以上两类的缺陷，第三类软件无线电平台采用通用处理器（例如，商用服务器、普通 PC 以及嵌入式系统）作为信号处理软件的平台，具有以下几方面的优势；纯软件的信号处理具有很大的灵活性；可采用通用的高级语言（如 C/C++）进行软件开发，扩展性和可移植性强，开发周期短；基于通用处理器的平台，成本较低，并可享受计算机技术进步带来的各种优势（如 CPU 处理能力的不断提高以及软件技术的进步等）。

1.5.1　基于可控制硬件的软件无线电平台

在通用计算机系统中，设备驱动程序是用来改变无线设备功能的软件机制。当前一些针对802.11设备的驱动程序允许通过软件访问并控制设备的一些有限的内部状态（例如，传输速率、功率）、更改802.11管理层的非实时行为操作。例如，针对Atheros芯片组的MadWiFi的驱动程序、针对Prism芯片组的HostAP驱动程序以及针对RaLink芯片组的RTX200驱动程序。然而，它们不允许更改802.11协议相关的数据，如MAC（Media Access Control）层数据的格式、物理层信号处理。通过设备驱动程序控制设备，只能在一定范围内更改特定设备的功能及行为，而这种设备仅能支持某一种或几种物理层协议，并不能改变物理层信号处理流程，无法获取物理层的额外信息（如误码率、信噪比、信道状态），也就无法改进物理层算法，更不能变更物理层协议。

SoftMAC更进了一步，基于廉价的商业Wi-Fi网卡构建了一个实验平台，可以实现自定义的MAC协议。基于MadWiFi驱动程序以及相关的开源硬件抽象层，SoftMAC通过控制和禁用默认的底层MAC行为，以提供更灵活性MAC功能。但是，SoftMAC并不提供一个完整的软件无线电平台，它将驱动软件和硬件的功能固件分离开，一些时间紧迫的MAC任务及物理层信号处理仍然在硬件设备上完成。因此，SoftMAC仅适合做MAC层的协议实验。

1.5.2　基于可编程硬件的SDR平台

目前较流行的基于可编程硬件的软件无线电平台有SODA（Signal Processing On Demand Architecture）、WARP（Wireless Open-Access Research Platform）和SFF（Small Form Factor），下面具体介绍这几个平台的系统参数及性能。

1. SODA系统

SODA是由密歇根大学基于DSP多处理器开发的软件无线电系统，它由多个数据处理器和一个控制处理器组成，全局存储器连接到一个共享总线。每个数据处理器由5个主要部分组成：SIMD（Single Instruction Multiple Data）单元用于支持向量操作；标量流水线用于执行顺序操作；两个本地缓存；地址生成单元（Address Generation Unit，AGU）提供为本地存储器的访问；可编程DMA（Direct Memory Access）单元用于本地存储器与外部系统之间传输数据。SIMD单元由32路16位数据通路组成，它用于处理计算密集型算法。每个数据路径包括2个读端口，1个写端口和1个16位乘法单元，乘法器运行在400 MHz。处理器内部支持数据随机移动，同时SIMD单元可以直接对标量单元的结果进行处理，支持矢量数据求和、找最大值和最小值等操作。这些操作可以简化数字信号处理过程。图1.10所示为SODA系统结构。目前，基于SODA已经实现了WCDMA和802.11a协议。

2. WARP系统

WARP是Rice大学针对科研工作开发的一个无线通信开放研究平台，基于FPGA开发，可以实现物理层和网络层功能，具有可扩展性高、配置灵活的优点。一套WARP集成了一个XilinxVirtex-6 LX240T FPGA用于实现信号处理算法及子版控制逻辑、2个射频子模块、1个千兆以太网口等。每个射频模块可以工作在2.4 GHz和5 GHz频带，最大支持40 MHz带宽。ADC与DAC的精度为12 bit，ADC的转换速率为100 MSPS（Million Samples Per Second），DAC的转换速率为170 MSPS。各射频子版共享相同的采样和射频参考时钟，可以构成MIMO

（Multiple Input Multiple Out）应用。图 1.11 所示为 WARPv3 的硬件图。

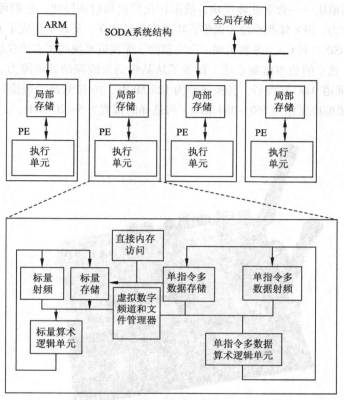

图 1.10　SODA 系统结构

图 1.11　WARPv3 硬件图

3. SFF 系统

　　SFF 软件无线电平台是一个独特的新产品，如图 1.12 所示，由得州仪器公司研发，专门用于满足军方、公共安全以及贸易市场对便携式软件无线电平台的需要。它应用了 Lyrtech 专有的最新 FPGA 及 DSP 设计技术，成为一种低功耗、现货供应的软硬件集成开发解决方案。SFF 开发平台有 3 个不同的模块——数字处理模块、数据转化模块和射频模块，它们可以为开发者提供高度灵活的开发能力。SFF 体积小便于携带，功能完备且独立，平台上集成了 GPP（General Purpose Pocessors）、DSP 和 FPGA，方便实现一个完整的、无线电系统的所有协议层。每一个处理器都配备有嵌入的、独立的功率监测系统，覆盖了从基带到天线端的处理能力。SFF 提供片上系统，配备 14 位双通道 ADC 转换器，转换速率为 125 MSPS、16 位双通道数模转换器，转换速率为 500 MSPS。射频模块工作在 360 ~ 960 MHz，可选择的带宽为 5 ~ 20 MHz。

图 1.12 SFF 软件无线电平台

1.5.3 基于通用处理器的软件无线电平台

1. USRP

USRP（Universal Software Radio Peripheral，通用软件无线电外设）是目前被广泛使用的基于通用处理器的软件无线电平台，该平台由 MIT 设计，由 USRP 硬件前端和对应的软件开发套件 GNU Radio 组成，下面具体介绍其功能及性能。GNU Radio 是由 MIT 提供的免费软件开发套件，提供了信号实时处理的软件和低成本的软件无线电硬件，用它可以在低成本的射频硬件和通用处理器上实现软件无线电。这套套件广泛用于业余爱好者，学术机构和商业机构用来研究和构建无线通信系统。GNU Radio 的应用主要是用 Python 编程语言来编写的，但是其核心信号处理模块是 C++ 在带浮点运算的处理器上构建的。因此，开发者能够简单快速地构建一个无线通信原型系统。但是，受限于其信号处理的软件实现方式，它只能达到有限的信号处理速度，并不能满足高速无线通信协议中大计算量需求。

USRP 是与 GUN Radio 配套的硬件前端设备，是 Matt Ettus 的杰作，它可以把 PC 连接到射频前端（Radio Frontend，RF）。本质上它充当了一个无线电通信系统的数字基带或中频部分。USRP 产品系列包括多种不同的模型，使用类似的架构。母板由以下子系统组成：时钟产生器和同步器、FPGA、ADC、DAC、主机接口和电源调节。这些是基带信号处理所必需的组件。

一个模块化的前端，被称为子板，用于对模拟信号的操作，如上/下变频、滤波等。这种模块化设计允许 USRP 为 0 ~ 6 GHz 之间运行的应用程序提供服务。USRP 在 FPGA 上进行一些数字信号处理操作，将从模拟信号转换为数字域的低速率、数字复信号。在大多数应用中，这些复采样信号被传输到主机内，由主机处理器执行相应的数字信号处理操作。FPGA 的代码是开源的，用户可以自行修改，在 FPGA 上执行高速、低延迟的操作。

USRP1 提供了入门级的射频处理能力，为用户和应用程序提供低成本的软件无线电开发功能。该架构包括 Altera 公司的 Cyclone FPGA，ADC 采样率为 64 MSPS，精度为 12 比特，DAC 转换率为 128 MSPS，精度为 14 bit，通过 USB 2.0 与主机相连。USRP1 平台可以支持两个完整的射频子板，工作在 0 ~ 6 GHz。这一特性使得 USRP 可以隔离发送链和接收链，为双频发射/接收操作提供了理想选择。USRP1 与主机之间的数据传输速率达 8 MSPS，并且用户可以实现在 FPGA 架构中的自定义功能。

USRP2 是继 USRP 之后开发的，于 2008 年 9 月面世。之后由 USRPN200 和 N210 取代。USRPN210 提供更高带宽、高动态范围处理能力。USRPN210 适用于对处理速度要求严格的通信应用。产品架构包括一个 Xilinx 的 Spartan3A - DSP3400 FPGA，100 MSPS 的双通道 ADC，400 MSPS 的双通道 DAC 和千兆以太网接口用于将数字信号在主板和主机之间传递。USRP N210 采用模块化设计，工作范围为 0 ~ 6 GHz，利用扩展端口允许多个 USRP N210 系列设备进行同步，级联成为 MIMO 模式。一个可选 GPDSO 模块可以被用于将 USRP N210 的时钟与 GPS (Global Positioning System) 时钟同步，误差范围为 0.01 PPM (Part Per Million)。

USRP N210 与主机之间的传输速率达 50 MSPS。用户可以在 FPGA 架构中实现自定义的功能，在主板上还有一个 32 位 RISC (Reduced Instruction Set Computing) 结构处理器。FPGA 在接收和发送方向提供了高达 100 MSPS 的数据处理速度。通过千兆以太网接口可以对 FPGA 的固件重新加载。USRP 采用模块化设计，母板可以与不同的射频板连接，各射频板可工作在不同的频段，提供不同的带宽，例如：XCVR2450 射频板可以工作在 2.4 ~ 2.5 GHz，带宽为 33 MHz；WBX 射频板工作在 50 MHz ~ 2.2 GHz，带宽为 40 MHz。图 1.13 所示为 USRP1、USRPN210 及射频板 XCVR2450 的产品图。

(a) USRP1　　　　　　　　　(b) USRPN210　　　　　　　　(c) 射频板 XCVR2450

图 1.13　USRP 的产品

2. Sora 系统

微软研究中心开发的软件无线电 Sora (Microsoft Research Software Radio) 是一种新型的软件无线电平台。它拥有 PC 架构的编程框架。Sora 是高性能、高可靠性"硬件 SDR"平台与灵活、可编程的"GPP SDP"平台的结合。Sora 采用先进的软件和硬件技术，解决了 PC 架构实现"高速 SDR"的这一难题。Sora 项目旨在开发一个最先进的软件无线电系统，能够快捷而有效地实现当前最前沿的无线通信技术。Sora 已于 2015 年正式通过 GitHub 开源。

SDR 利用软件来实现通信系统中的底层操作，从而可以快捷地开发、调试以及进行后期的更新维护。其主要挑战在于，其性能能否赶上专用硬件平台。面对这一挑战，微软研究员开发了 Sora。Sora 是一个完全可编程的、高性能的软件无线电系统，可以用于实现当前前沿的无线通信技术（Wi-Fi、LTE、MIMO 等）。Sora 运行于低成本的商用多核个人计算机上，并使用通用的 Windows 操作系统。一个多核商用个人计算机，一块定制的射频控制接口板（RCB），再加上第三方的射频模块，就组成了一个强大的无线通信系统。射频控制接口板负责在个人计算机主存和射频模块之间传递高速的无线采样信号（I/Q Samples），而所有的底层信号处理全部运行在软件上，如图 1.14 所示。

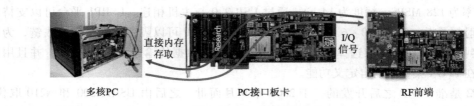

图 1.14　Sora 的系统架构

目前，已有 50 多家大学和科研机构在科研和教学中使用 Sora。完全开源的 Sora 系统具有很多特性，其中包括：

（1）支持定制的射频前端。

（2）支持定制的 RCB（包括可定制的时间控制和同步机制，新的加速器等）。

（3）支持新的通信模式，例如全双工无线通信等。

Sora 已经赢得了许多学术奖项，比如 TV Whitespace、大规模 MIMO 以及分布式 MIMO 系统等。可以预见，开源的 Sora 有助于研究团队更好地利用并推动 SDR 技术的发展。

1.6　SDR 典型应用

软件无线电的核心思想是将一定频率范围内的空中无线信号全部接收下来进行模数转换，将转换成的数字信号用软件处理。目前，SDR 已广泛应用于各种无线通信领域。

1. 移动通信系统

在 GSM（全球移动通信系统）中，广泛采用软件无线电技术，终端和通信基站的信号处理都使用软件无线电结构，硬件简单且通用，且便于系统的升级维护和改造。用可编程手段实现射频频段选择、信道访问模式及信道调制模式等功能。在 GSM 通信系统中，无线电信号的发射过程是先选择可用的传输信道和无线电传播路径，根据选择的信道进行相应的调制，发射波束指向依靠电子控制，选择合适的功率，然后再发射，这种发射过程与其他通信系统有所不同。接收与发射刚好相反，它要识别传输信号的通信制式，划分各个信道的能量分布，对多径所需信号进行自适应处理、栅格译码信道调制、剩余错误纠正处理，将误码率降到最低。另外，由于数据通信的便捷和许多软件应用系统的推广，出现许多软件工具增值业务，大大方便了运营商和用户使用。

中兴通讯也将 SDR 技术引入基站建设中，其 SDR 基站平台可以实现多种无线接入制式的融合与共存，包括 GSM/UMTS、CDMA2000、TD-SCDMA、FDD LTE、WiMAX 和 TDD LTE。基于该平台，中兴通讯率先实现了双模或多模网络方案的规模商用，包括 GSM/UMTS 双模、GSM/UMTS/LTE 多模、CDMA/LTE 双模等，还可以实现 WiMAX/TDD LTE 以及 FDD LTE/TDD LTE 的共存和演进。目前开发了 SDR 分布式基站、SDR 室外宏基站、SDR 室外微基站等多种应用，硬件架构基于统一的 MicroTCA 平台，射频部分采用 MCPA 技术。MicroTCA 技术也使得 SDR 系列化基站体积更小、功耗更低、处理能力更强。同时，MicroTCA 架构支持 GSM/CDMA/WCDMA/TD-SCDMA/LTE 等多种制式，实现对多频段、多制式网络的有效整合，如图 1.15 所示。

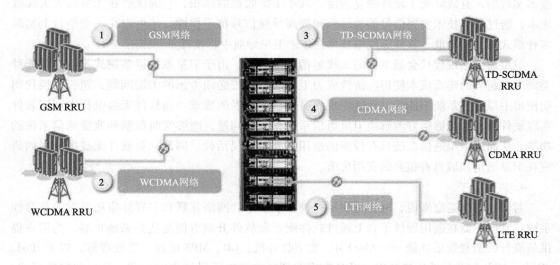

图 1.15　SDR 系列化基站支持多种无线制式

该 SDR 系列化基站射频单元具备软件可编程和重新定义的能力，进而实现智能化的频谱分配和对多标准的支持。SDR 软基站射频模块采用了宽带多载波数字信号处理技术，单功放可支持多个载波，通过软件即可实现平滑扩容，降低扩容成本以及扩容对网络的影响。采用宽带多载波技术，还可在连续的 20 MHz 频带范围内通过软件配置同时支持 2G/3G/LTE 等，同时完成对多制式射频信号的收发处理，实现同频段多制式情况下的融合和演进。

新一代 SDR 软基站几乎不需要更改任何硬件就能保持网络的先进性，有效利用现网资源。新一代 SDR 软基站及创新的建网模式将成为未来网络发展的必然趋势。

2. 智能天线

智能天线最初仅运用于军事通信领域，由于使用成本、技术保密等因素，一直未能在其他通信领域得到应用。但随着 DSP 理论和技术迅速发展，相应数字信号处理芯片的处理速度和生产工艺不断提高，大大降低了智能天线的使用成本。同时，在智能天线中数字电路代替模拟电路可在基带形成天线波束，也可提高天线的灵活性和稳定性。在 TD-CDMA 制式的通信方案中广泛采用智能天线技术，利用数字技术控制基站天线识别用户方向，形成相应方位的天线主波束。智能天线技术在空分多址（SDMA）方式中，根据无线电信号的空间传播方向，区分不同的空间信道，使用数字技术对天线信号进行相应的数字信号处理形成天线波束，主波束对准用户方向，干扰信号处在天线零缺陷或较低增益方向，以达到抗干扰的目的。智能天线技术使用无线波束赋形的方法等效于提高天线的增益；信号到达方向（DOA）估计提供终端的方位信息，可以实现用户定位；天线波束赋形，大大减少多径干扰；使用多个小功率放大器取代原有大功率放大器，使得设备的设计难度和建设成本都大大降低，这些都是该技术的优势所在。

3. 卫星导航与通信

目前，卫星导航技术在军事和民用领域都得到广泛应用，很多国家都在广泛开展卫星导航技术的研究。成熟的导航技术有美国 GPS（全球定位导航系统）、中国北斗导航系统、欧洲伽利略导航系统、俄罗斯格鲁纳斯导航系统。目前，卫星导航接收机大多是基于软件无线电技术实现的，有效降低了硬件的复杂度，减小了接收机的体积，它的优势在于可以大大降低成本，通过数字技术实现信号的加解密和提高导航信号抗干扰性，还可以在一个平台上实现多种模式的卫星导航，软件无线电技术在未来卫星导航中将发挥重要作用。

卫星通信是现代社会最重要的无线通信方式之一，由于卫星系统设备制式不一，功能种类繁多，超高的建设成本使得经济性成为卫星通信系统必须考虑的关键问题，超长的换代周期使得卫星通信系统不能很好地适应现代科技快速发展的要求。而软件无线电技术利用软件实现硬件功能，能够很好地解决卫星通信系统存在的问题，能够实时控制和改变通信系统的功能，从而使卫星通信系统具有较强的适用性和功能灵活性。因此，对软件无线电技术的研究在卫星通信领域具有很高的实用价值。

4. 汽车电子

对于汽车制造商来说，SDR 提供了一种车载娱乐、网络互联和多媒体应用开发的革命性手段。它使厂商在通用硬件平台上通过软件配置和软件升级方便地达到系统扩展，为用户提供最流行的消费娱乐功能——AM/FM、数字收音机、CD、MP3 播放、驾驶导航，以及 iPod、SD 卡、USB 和蓝牙的连接功能。SDR 方案改变了汽车电子设计中的运营、设计和制造模式。此项技术为汽车厂商提供了一种全球性的无线电平台，也给未来新功能、新标准的扩展和支持提供了坚实的基础。

以 Microtune 公司为代表，SDR 技术在汽车电子行业的应用日趋成熟。该公司于 2009 年推出了一款 MT3511 RF Micro Digitizer 芯片，该射频数字转换器基于先进的射频和数字硅技术，把软件无线电引入汽车工业。MT3511 是 SDR 架构中的核心前端器件，它与通用 DSP 和多媒体处理器结合提供 SDR 解决方案。它在单一芯片中集成了射频调谐器和模数转换器，这使得它可接收和调谐来自车载天线的广播信号，并进行模数转换，进而提供给 DSP 或多媒体处理器进一步处理。该模块支持世界上各种 AM/FM 标准、HD Radio 技术、数字无线电广播和天气频段。它取代当今汽车电子系统中的多个专用器件，以通用硬件平台降低设计复杂性和成本，减少市场推广及产品认证时间和成本。其他功能还包括超低相位噪声、全自动调谐控制引擎、集成了具有自行校准和数字纠错功能的高性能 16 位模数转换、适用于 FM 相位分集的自动数据同步。

可以预见，随着微处理器技术的发展和 SDR 理论体系的完善，SDR 技术将会在越来越多的领域得以应用，更多的基于 SDR 技术的集成一体化电子通信系统将会面世，满足多行业不同的应用需求。

小　结

本章较为系统地介绍了 SDR 的基础知识，阐述了 SDR 的关键技术，给出了典型 SDR 系统的基本组成和工作原理，分别介绍了以软件为中心的 SDR 架构和用于 SDR 信号处理的硬件结构，简要阐述了当前常用的 SDR 开发工具，包括基于可控制硬件、可编程硬件和通用处理器的 SDR 平台，最后给出了 SDR 的典型应用。读者可根据自己的兴趣和研究方向搭建专属的 SDR 开发应用平台。

当前，高性能微处理器和高速存储器件技术的发展推动着 SDR 的硬件实现向着多功能、高度集成化的方向发展。基于机器学习和认知无线电技术的发展又促进了 SDR 数据处理体系和大吞吐量数据智能处理能力的发展。可以预见，在不久的将来，SDR 技术将会在军事和民用的无线电通信领域发挥越来越重要的作用。

思考与练习

1. 简述 SDR 技术的发展历程。
2. 简述 SDR 系统的组成和关键技术。
3. 描述 SDR 平台架构的几种实现方式。
4. 调研常用的 SDR 开发工具，并对比分析各自的技术参数和系统架构形式。
5. 分析 GUN Radio 平台和 OSSIE 平台实现软件无线电的不同之处。
6. 简述 SODA 系统的基本构成和各模块的功能。
7. 简述用 USRP 和 Sora 搭建软件无线电系统的实现方式。
8. 试分析 SDR 技术的发展趋势，结合自身体会，讨论个人日常电子设备被 SDR 取代的可行性。

参考文献

[1] JOHNSON C R，等. 软件无线电 [M]. 潘甦，译. 北京：机械工业出版社，2008.
[2] 楼才义，徐建良，杨小牛. 软件无线电原理与应用 [M]. 2 版. 北京：电子工业出版社，2014.
[3] 房骥. 基于多核 CPU 的软件无线电平台研发及应用技术研究 [D]. 北京交通大学博士学位论文，2013.

的 SDR 平台。这些信息通过 I.5 MB 的速度 进行传输。 该系统 通过 移动 设备 进行 传输 信息 的 基本 思路。

第 二 章， 描述 主要 为 对 实 物 的 基础 技术 的 分析。 对于 该 基础 方式 的 SDR 平面 进行 高速度 的 通信 定位 的 分析。 对于 移动 设备 通过 的 分析。 这个 基础 平面 的 SDR 平面 的 分 析。 因此， 对于 移动 设备 的 发展， 可能 增加， 这个 基础 平面， SDR 构成 的 基本 运 行 的 方式。 由 这个 基础 平面 的 方式 分析。

第 2 章　超宽带技术

2.1　超宽带技术概述

2.1.1　超宽带技术的产生与发展

超宽带技术最早可以追溯到 100 年前波波夫和马可尼发明的越洋无线电报时代。现代意义上的超宽带无线电，又称冲激无线电（Impulse Radio，IR），出现于 20 世纪 60 年代。超宽带技术出现之后的应用长期仅限于军事、灾害救援搜索、雷达定位及测距等领域。由于超宽带系统能够与其他窄带系统共享频带，从 80 年代开始，随着频带资源的紧张以及对高速通信的需求，超宽带技术开始应用于无线通信领域。超宽带技术在历史上还有一些其他的名称，如冲击雷达（Impulse Radar）、基带脉冲、无载波技术等，这是因为在早期超宽带信号通常不用正弦载波调制的窄脉冲，上述名称反映了当时超宽带信号的这个典型特点。

1989 年，美国国防部高级研究计划署（DARPA）首先采用超宽带这一术语，并规定：若信号在 −20 dB 处的绝对带宽大于 1.5 GHz 或相对带宽大于 25%，则该信号为超宽带信号。此后，超宽带这个术语才被沿用下来。绝对带宽和相对带宽定义为

$$绝对带宽 = f_H - f_L \tag{2.1}$$

$$相对带宽 = \frac{f_H - f_L}{(f_H + f_L)/2} \tag{2.2}$$

式中，f_H 为信号在 −20 dB 辐射点对应的上限频率；f_L 为信号在 −20 dB 辐射点对应的下限频率。图 2.1 所示为信号带宽计算示意图。

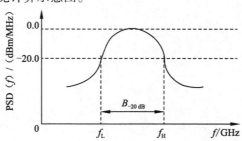

图 2.1　信号带宽计算示意图

PSD—功率谱密度；B—带宽

2002 年，美国联邦通信委员会（FCC）发布了超宽带无线通信的初步规范，正式解除了超宽带技术在民用领域的限制。这是超宽带技术真正走向商业化的一个里程碑，也极大地激发了相关学术研究和产业化进程。FCC 对于 UWB（Ultra Wideband，超宽带）信号进行了重新定义，规定 UWB 为任何相对带宽（信号带宽与中心频率之比）大于 20% 或 −10 dB 绝对带宽大于 500 MHz，并满足 FCC 功率谱密度限制要求的信号。当前人们所说的 UWB 是指 FCC 给出的新定义。根据 UWB 系统的具体应用，分为成像系统、车载雷达系统、通信与测量系统三大类。根据 FCC Part15 规定，UWB 通信系统可使用频段为 3.1 ~ 10.6 GHz。为保护现有系统（如 GPRS、移动蜂窝系统、WLAN 等）不被 UWB 系统干扰，针对室内、室外不同应用，对 UWB 系统的辐射谱密度进行了严格限制，规定 UWB 系统的最高辐射谱密度为 −41.3 dBm/MHz。图 2.2 所示为 FCC 对室内、室外 UWB 系统的辐射功率谱密度限制。

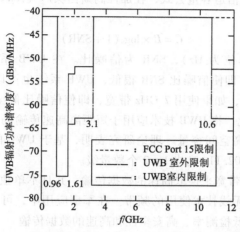

图 2.2　FCC 对室内、室外 UWB 系统的辐射功率谱密度限制

从 2002 年至今，新技术和系统方案不断涌现，出现了基于载波的多带脉冲无线电超宽带（IR−UWB）系统、基于直扩码分多址（DS−CDMA）的 UWB 系统、基于多带正交频分复用（MB−OFDM）的 UWB 系统等。在产品方面，Time−Domain、XSI、Freescale、英特尔等公司纷纷推出 UWB 芯片组，超宽带天线技术也日趋成熟。当前，UWB 技术已成为短距离、高速无线连接最具竞争力的物理层技术。IEEE 已经将 UWB 技术纳入其 IEEE 802 系列无线标准，正在加紧制定基于 UWB 技术的高速无线个域网（WPAN）标准 IEEE 802.15.3a 和低速无线个域网标准 IEEE 802.15.4a。以英特尔领衔的无线 USB 促进组织制定的基于 UWB 的 W−USB2.0 标准即将出台。无线 1394 联盟也在制定基于 UWB 技术的无线标准。在未来的几年中，UWB 可能成为无线个域网、无线家庭网络、无线传感器网络等短距离无线网络中占据主导地位的物理层技术之一。表 2.1 列出 UWB 技术与其他短距离无线通信技术的比较。

表 2.1　UWB 技术与其他短距离无线通信技术的比较

项　　目	传输速率/（Mbit/s）	功耗/mW	传输距离/m	频段/GHz
蓝牙	≤1	1 ~ 100	100	2.402 ~ 2.48
IEEE 802.11b	11	200	100	2.4
IEEE 802.11a	54	40 ~ 800	20	5

项　目	传输速率/(Mbit/s)	功耗/mW	传输距离/m	频段/GHz
IEEE 802.11g	54	65	50	2.4
UWB	≥480	≤1	≤10	3.1~10.6

2.1.2　超宽带技术的特点

由于 UWB 与传统通信系统相比，工作原理迥异，因此 UWB 具有如下传统通信系统无法比拟的技术特点。

1. 传输速率高，空间容量大

根据香农（Shannon）信道容量公式，在加性高斯白噪声（AWGN）信道中，系统无差错传输速率的上限为

$$C = B \times \log_2(1 + \text{SNR}) \tag{2.3}$$

式中，B 为信道带宽（单位为 Hz），SNR 为信噪比。在 UWB 系统中，信道带宽 B 高达 500 MHz~7.5 GHz。因此，即使信噪比 SNR 很低，UWB 系统也可以在短距离实现几百兆至 1 Gbit/s 的传输速率。例如，如果使用 7 GHz 带宽，即使信噪比低至 -10 dB，其理论信道容量也可达到 1 Gbit/s。因此，将 UWB 技术应用于短距离高速传输场合（如高速 WPAN）是非常合适的，可以极大地提高空间容量。理论研究表明，基于 UWB 的 WPAN 可达的空间容量比目前 WLAN 标准 IEEE 802.11a 高出 1~2 个数量级。

UWB 以非常宽的频率带宽来换取高速的数据传输，并且不单独占用现在已经拥挤不堪的频率资源，而是共享其他无线技术使用的频带。在军事应用中，可以利用巨大的扩频增益来实现远距离、低截获率、低检测率、高安全性和高速的数据传输。

2. 适合短距离通信

按照 FCC 规定，UWB 系统的可辐射功率非常有限，3.1~10.6 GHz 频段总辐射功率仅 0.55 mW，远低于传统窄带系统。随着传输距离的增加，信号功率将不断衰减。因此，接收信噪比可以表示成传输距离 d 的函数 $\text{SNRr}(d)$。根据香农公式，信道容量可以表示为距离的函数，即

$$C(d) = B \times \log_2[1 + \text{SNRr}(d)] \tag{2.4}$$

另外，超宽带信号具有极其丰富的频率成分。众所周知，无线信道在不同频段表现出不同的衰落特性。由于随着传输距离的增加高频信号衰落极快，这导致 UWB 信号产生失真，从而严重影响系统性能。研究表明，当收发信机之间距离小于 10 m 时，UWB 系统的信道容量高于 5 GHz 频段的 WLAN 系统，收发信机之间距离超过 12 m 时，UWB 系统在信道容量上的优势将不复存在。因此，UWB 系统特别适合于短距离通信。

3. 具有良好的共存性和保密性

由于 UWB 系统辐射谱密度极低（小于 -41.3 dBm/MHz），一般把信号能量弥散在极宽的频带范围内。对传统的窄带系统来讲，UWB 信号谱密度甚至低至背景噪声电平以下，UWB 信号对窄带系统的干扰可以视为宽带白噪声。因此，UWB 系统与传统的窄带系统有着良好的共存性，这对提高日益紧张的无线频谱资源的利用率是非常有利的。同时，极低的辐射谱密度使 UWB 信号具有很强的隐蔽性，很难被截获，采用编码对脉冲参数进行伪随机化后，脉冲的检测将更加困难，这对提高通信保密性是非常有利的。

4. 多径分辨能力强，定位精度高

由于常规无线通信的射频信号大多为连续信号或其持续时间远大于多径传播时间，多径传播效应限制了通信质量和数据传输速率。UWB 信号采用持续时间极短的窄脉冲，其时间、空间分辨能力都很强。因此，UWB 信号的多径分辨率极高。极高的多径分辨率赋予了 UWB 信号高精度的测距、定位能力。对于通信系统，必须辩证地分析 UWB 信号的多径分辨率。无线信道的时间选择性和频率选择性是制约无线通信系统性能的关键因素。在窄带系统中，不可分辨的多径将导致衰落，而 UWB 信号可以将它们分开并利用分集接收技术进行合并。因此，UWB 系统具有很强的抗衰落能力。但 UWB 信号极高的多径分辨率也导致信号能量产生严重的时间弥散（频率选择性衰落），接收机必须通过牺牲复杂度（增加分集重数）以捕获足够的信号能量。这将对接收机设计提出严峻挑战。在实际的 UWB 系统设计中，必须折中考虑信号带宽和接收机复杂度，以得到理想的性价比。

冲激脉冲具有很高的定位精度，采用超宽带无线电通信，很容易将定位与通信合一，而常规无线电难以做到这一点。超宽带无线电具有极强的穿透能力，可在室内和地下进行精确定位，而 GPS 定位系统只能工作在 GPS 定位卫星的可视范围之内；与 GPS 提供绝对地理位置不同，超短脉冲定位器可以给出相对位置，其定位精度可达厘米级，此外，超宽带无线电定位器更为便宜。

5. 体积小、功耗低

传统的 UWB 技术无须正弦载波，数据被调制在纳秒级或亚纳秒级基带窄脉冲上传输，接收机利用相关器直接完成信号检测。收发信机不需要复杂的载频调制/解调电路和滤波器。因此，可以大大降低系统复杂度，减小收发信机体积和功耗。

UWB 系统使用间歇的脉冲来发送数据，脉冲持续时间很短，一般在 0.20～1.5 ns 之间，有很低的占空因数，系统耗电可以做到很低，在高速通信时系统的耗电量仅为几百微瓦到几十毫瓦。民用的 UWB 设备功率一般是传统移动电话所需功率的 1/100 左右，是蓝牙设备所需功率的 1/20 左右，军用的 UWB 电台耗电也很低。因此，UWB 设备在电池寿命和电磁辐射上，相对于传统无线设备有着很大的优越性。

6. 系统结构的实现比较简单

当前的无线通信技术所使用的通信载波是连续的电波，载波的频率和功率在一定范围内变化，从而利用载波的状态变化来传输信息。而 UWB 则不使用载波，它通过发送纳秒级脉冲来传输数据信号。UWB 发射器直接用脉冲小型激励天线，不需要传统收发器所需要的上变频，从而不需要功用放大器与混频器，因此，UWB 允许采用非常低廉的宽带发射器。同时在接收端，UWB 接收机也有别于传统的接收机，不需要中频处理，因此，UWB 系统结构的实现比较简单。

在工程实现上，UWB 比其他无线技术要简单得多，可全数字化实现。它只需以一种数学方式产生脉冲，并对脉冲产生调制，而这些电路都可以被集成到一个芯片上，设备的成本很低。

2.2 超宽带通信的关键技术

2.2.1 脉冲成形技术

任何数字通信系统，都要利用与信道匹配良好的信号携带信息。对于线性调制系统，已

调制信号可以统一表示为

$$s(t) = \sum_n I_n g(t - T) \tag{2.5}$$

式中，I_n 为承载信息的离散数据符号序列；T 为数据符号持续时间；$g(t)$ 为时域成形波形函数。

通信系统的工作频段、信号带宽、辐射谱密度、带外辐射、传输性能、实现复杂度等诸多因素都取决于 $g(t)$ 的设计。

对于 UWB 通信系统，成形信号 $g(t)$ 的带宽必须大于 500 MHz，且信号能量应集中于 3.1 ~ 10.6 GHz 频段。早期的 UWB 系统采用纳秒/亚纳秒级无载波高斯单周脉冲，信号频谱集中于 2 GHz 以下。FCC 对 UWB 的重新定义和频谱资源分配对信号成形提出了新的要求，信号成形方案必须进行调整。近年来，出现了许多行之有效的方法，如基于载波调制的成形技术、Hermit 正交脉冲成形、椭圆球面波（PSWF）正交脉冲成形等。

1. 高斯单周脉冲

高斯单周脉冲即高斯脉冲的各阶导数，是最具代表性的无载波脉冲。各阶脉冲波形均可由高斯 1 阶导数通过逐次求导得到。

随着脉冲信号阶数的增加，过零点数逐渐增加，信号中心频率向高频移动，但信号的带宽无明显变化，相对带宽逐渐下降。早期 UWB 系统采用 1 阶、2 阶脉冲，信号频率成分从直流延续到 2 GHz。按照 FCC 对 UWB 的新定义，必须采用 4 阶以上的亚纳秒脉冲方能满足辐射谱要求。图 2.3 所示为典型的 2 ns 高斯单周脉冲。

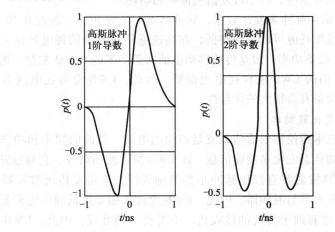

图 2.3　典型的 2 ns 高斯单周脉冲

$p(t)$—基带脉冲

2. 载波调制的成形技术

从原理上讲，只要信号 −10 dB 带宽大于 500 MHz 即可满足 UWB 要求。因此，传统的用于有载波通信系统的信号成形方案均可移植到 UWB 系统中。此时，超宽带信号设计转化为低通脉冲设计，通过载波调制可以将信号频谱在频率轴上灵活地搬移。

有载波的成形脉冲可表示为

$$w(t) = p(t)\cos(2\pi f_c t), 0 \leqslant t \leqslant T_p \tag{2.6}$$

式中，$p(t)$ 为持续时间为 T_p 的基带脉冲；f_c 为载波频率，即信号中心频率。若基带脉冲 $p(t)$

的频谱为 $P(f)$ ，则最终成形脉冲的频谱为

$$W(f) = \frac{1}{2}P(f+f_c) + \frac{1}{2}P(f-f_c) \tag{2.7}$$

可见，成形脉冲的频谱取决于基带脉冲 $p(t)$ ，只要使 $p(t)$ 的 $-10\ dB$ 带宽大于 250 MHz，即可满足 UWB 设计要求。通过调整载波频率 f_c 可以使信号频谱在 3.1～10.6 GHz 范围内灵活移动。若结合跳频（FH）技术，则可以方便地构成跳频多址（FHMA）系统。在许多 IEEE 802.15.3a 标准提案中采用了这种脉冲成形技术。图 2.4 所示为典型的有载波修正余弦脉冲，中心频率为 3.35 GHz，$-10\ dB$ 带宽为 525 MHz。

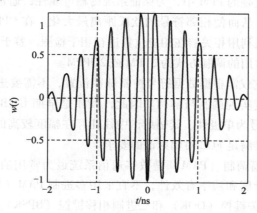

图 2.4 典型的有载波修正余弦脉冲

$w(t)$—有载波的修正余弦脉冲

3. Hermite 脉冲

Hermite 脉冲是一类最早被提出用于高速 UWB 通信系统的正交脉冲成形方法。结合多进制脉冲调制可以有效地提高系统传输速率。这类脉冲波形是由 Hermite 多项式导出的，其成形方法的特点在于：能量集中于低频，各阶波形频谱相差大，需借助载波搬移频谱方可满足 FCC 要求。

4. PSWF 脉冲

PSWF 脉冲是一类近似的"时限-带限"信号，在带限信号分析中有非常理想的效果。与 Hermite 脉冲相比，PSWF 脉冲可以直接根据目标频段和带宽要求进行设计，不需要复杂的载波调制进行频谱般移。因此，PSWF 脉冲属于无载波成形技术，有利于简化收发信机复杂度。

2.2.2 调制与多址技术

超宽带（UWB）技术的出现，实现了短距离内超宽带、高速的数据传输。其调制方式及多址技术的特点使得它具有其他无线通信技术无法具有的很宽的带宽、高速的数据传输、功耗低、安全性能高等特点。

调制方式是指信号以何种方式承载信息，它不但决定着通信系统的有效性和可靠性，同时也影响信号的频谱结构、接收机复杂度。对于多址技术解决多个用户共享信道的问题，合理的多址方案可以在减小用户间干扰的同时极大地提高多用户容量。在 UWB 系统中采用的调制方式可以分为两大类：基于超宽带脉冲的调制、基于 OFDM 的正交多载波调制。多址技术

包括跳时多址、跳频多址、直扩码分多址、波分多址等。系统设计中，可以对调制方式与多址方式进行合理的组合。

1. UWB 调制技术

（1）脉位调制：脉位调制（PPM）是一种利用脉冲位置承载数据信息的调制方式。按照采用的离散数据符号状态数可以分为二进制 PPM（2PPM）和多进制 PPM（MPPM）。在这种调制方式中，一个脉冲重复周期内脉冲可能出现的位置有 2 个或 M 个，脉冲位置与符号状态一一对应。根据相邻脉位之间距离与脉冲宽度之间的关系，又可分为部分重叠的 PPM 和正交 PPM（OPPM）。在部分重叠的 PPM 中，为保证系统传输可靠性，通常选择相邻脉位互为脉冲自相关函数的负峰值点，从而使相邻符号的欧氏距离最大化。在 OPPM 中，通常以脉冲宽度为间隔确定脉位。接收机利用相关器在相应位置进行相干检测。鉴于 UWB 系统的复杂度和功率限制，实际应用中，常用的调制方式为 2PPM 或 2OPPM。

PPM 的优点在于：它仅需根据数据符号控制脉冲位置，不需要进行脉冲幅度和极性的控制，便于以较低的复杂度实现调制与解调。因此，PPM 是早期 UWB 系统广泛采用的调制方式。但是，由于 PPM 信号为单极性，其辐射谱中往往存在幅度较高的离散谱线。如果不对这些谱线进行抑制，将很难满足 FCC 对辐射谱的要求。

（2）脉幅调制：脉幅调制（PAM）是数字通信系统最为常用的调制方式之一。在 UWB 系统中，考虑到实现复杂度和功率有效性，不宜采用多进制 PAM（MPAM）。UWB 系统常用的 PAM 有两种方式：开关键控（OOK）和二进制相移键控（BPSK）。前者可以采用非相干检测降低接收机复杂度，而后者采用相干检测可以更好地保证传输的可靠性。

与 2PPM 相比，在辐射功率相同的前提下，BPSK 可以获得更高的传输可靠性，且辐射谱中没有离散谱线。

（3）波形调制：波形调制（PWSK）是结合 Hermite 脉冲等多正交波形提出的调制方式。在这种调制方式中，采用 M 个相互正交的等能量脉冲波形携带数据信息，每个脉冲波形与一个 M 进制数据符号对应。在接收端，利用 M 个并行的相关器进行信号接收，利用最大似然检测完成数据恢复。由于各种脉冲能量相等，因此可以在不增加辐射功率的情况下提高传输效率。在脉冲宽度相同的情况下，可以达到比 MPPM 更高的符号传输速率。在符号速率相同的情况下，其功率效率和可靠性高于 MPAM。由于这种调制方式需要较多的成形滤波器和相关器，其实现复杂度较高。因此，在实际系统中较少使用，目前仅限于理论研究。

（4）正交多载波调制：传统意义上的 UWB 系统均采用窄脉冲携带信息。FCC 对 UWB 的新定义拓广了 UWB 的技术手段。原理上讲，−10 dB 带宽大于 500 MHz 的任何信号形式均可称为 UWB。在 OFDM 系统中，数据符号被调制在并行的多个正交子载波上传输，数据调制/解调采用快速傅里叶变换/快速傅里叶逆变换（FFT/IFFT）实现。由于具有频谱利用率高、抗多径能力强、便于 DSP 实现等优点，OFDM 技术已经广泛应用于数字音频广播（DAB）、数字视频广播（DVB）、WLAN 等无线网络中，且被作为 B3G/4G 蜂窝网的主流技术。

2. UWB 多址技术

（1）跳时多址：跳时多址（THMA）是最早应用于 UWB 通信系统的多址技术，它可以方便地与 PPM 调制、BPSK 调制相结合形成跳时-脉位调制（TH-PPM）、跳时-二进制相移键控系统方案。这种多址技术利用了 UWB 信号占空比极小的特点，将脉冲重复周期（T_f，又称为帧周期）划分成 N_h 个持续时间为 T_c 的互不重叠的码片时隙，每个用户利用一个独特的随机跳

时序列在 N_h 个码片时隙中随机选择一个作为脉冲发射位置。在每个码片时隙内可以采用 PPM 调制或 BPSK 调制。接收端利用与目标用户相同的跳时序列跟踪接收。

由于用户跳时码之间具有良好的正交性，多用户脉冲之间不会发生冲突，从而避免了多用户干扰。将跳时技术与 PPM 结合可以有效地抑制 PPM 信号中的离散谱线，达到平滑信号频谱的作用。由于每个帧周期内可分的码片时隙数有限，当用户数很大时必然产生多用户干扰。因此，如何选择跳时序列是非常重要的问题。

（2）直扩-码分多址：直扩-码分多址（DS-CDMA）是 IS-95 和 3G 移动蜂窝系统中广泛采用的多址方式，这种多址方式同样可以应用于 UWB 系统。在这种多址方式中，每个用户使用一个专用的伪随机序列对数据信号进行扩频，用户扩频序列之间互相关很小，即使用户信号间发生冲突，解扩后互干扰也会很小。但由于用户扩频序列之间存在互相关，远近效应是限制其性能的重要因素。因此，在 DS-CDMA 系统中需要进行功率控制。在 UWB 系统中，DS-CDMA 通常与 BPSK 结合。

（3）跳频多址：跳频多址（FHMA）是结合多个频分子信道使用的一种多址方式，每个用户利用专用的随机跳频码控制射频频率合成器，以一定的跳频图案周期性地在若干个子信道上传输数据，数据调制在基带完成。若用户跳频码之间无冲突或冲突概率极小，则多用户信号之间在频域正交，可以很好地消除用户间干扰。从原理上讲，子信道数量越多则容纳的用户数量越大，但这是以牺牲设备复杂度和功耗为代价的。在 UWB 系统中，将 3.1～10.6 GHz 频段分成若干个带宽大于 500 MHz 的子信道，根据用户数量和设备复杂度要求选择一定数量的子信道和跳频码解决多址问题。FHMA 通常与多带脉冲调制或 OFDM 相结合，调制方式采用 BPSK 或正交移相键控（QPSK）。

（4）PWDMA：PWDMA 是结合 Hermite 等正交多脉冲提出的一种波分多址方式。每个用户分别使用一种或几种特定的成形脉冲，调制方式可以是 BPSK、PPM 或 PWSK。由于用户使用的脉冲波形之间相互正交，在同步传输的情况下，即使多用户信号间相互冲突也不会产生互干扰。通常正交波形之间的异步互相关不为零，因此在异步通信的情况下用户间将产生互干扰。目前，PWDMA 仅限于理论研究，尚未进入实用阶段。

基于 UWB 技术自身的特点，UWB 在短距离无线连接领域将有广阔的发展前景。目前，各大标准化组织和团体正在加紧制定基于 UWB 的各种技术标准。

2.2.3 接收机的关键技术

UWB 信道严重的频率选择性衰落特征和 UWB 系统的低辐射功率限制对接收机设计提出严峻的挑战。为优化接收机设计，必须对定时同步、信道估计、接收机结构等若干关键技术进行深入研究。图 2.5 以 UWB 系统为例，给出了简化的接收机框图。

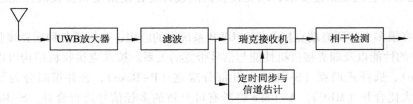

图 2.5　简化的 UWB 系统接收机框图

1. 定时同步

定时同步是 UWB 通信系统中至关重要的问题，定时偏差和抖动将严重影响接收机性能。一般定时同步分为捕获和跟踪两个阶段。在捕获阶段，要求接收机快速搜索信号到达时间，并根据搜索结果调整接收机定时。在同步跟踪阶段，接收机对微小的定时偏差进行补偿以保持同步。在 UWB 系统中，由于信号持续时间非常短，且信号功率很低，使同步捕获和跟踪变得相当困难。UWB 信道的密集多径特征进一步增加了定时同步的复杂性。

总体上讲，目前提出的 UWB 系统定时同步方法可以分为两大类：数据辅助的定时同步（Data Aided）、盲定时同步（Non-data Aided）。数据辅助的同步方法借助于事先设计的符号训练序列进行定时捕获和跟踪，采用的训练序列有 M 序列、Gold 序列、巴克码等，结合判决反馈的方法可以进一步提高跟踪精度。这类同步方法的优点在于捕获速度较快、跟踪精度高，但在系统带宽效率和功率效率上付出较大的代价。盲定时同步借助于超宽带信号内在的循环平稳特征进行定时捕获和跟踪，不使用任何预知的训练符号。这类方法在系统带宽效率和功率效率上高于数据辅助的同步方法，但捕获速度和同步性能会有所下降。

上述两类同步方法都是采用滑动相关寻找峰值的办法，区别在于使用的相关器模板和先验信息。每种方法在具体实现上又可分为串行搜索和并行搜索。串行搜索仅采用一路相关器对接收信号进行同步捕获，具有实现复杂度低的特点，但同步捕获所需时间较长。并行搜索将帧时间分为几个时间片段，采用并行的几个相关器同时进行捕获，因此具有捕获速度快的特点，但在实现复杂度上要付出一定代价。在搜索策略上又分为线性搜索、随机搜索、反码跳序搜索等。线性搜索实现最简单，但平均捕获时间最长，后两种搜索策略可以在很大程度上加快捕获速度，但要付出一定的复杂度作为代价。

在高速无线个域网（WPAN）等无线网络中，一般采用突发式的包传递模式。因此，采用数据辅助的定时同步方法与并行搜索相结合是比较合理的选择。盲定时同步方法结合串行搜索比较适合于低成本、低功耗的低速网络。

2. 瑞克接收

UWB 系统的典型应用环境为家庭、办公室等室内密集多径环境，多径信道的最大时延扩展达 200 ns 以上，可分辨多径数量与信号带宽成正比，通常高达几十至上百条。传统的宽带码分多址（WCDMA）系统利用伪随机扩频码的自相关特性分离多径信号，采用瑞克（Rake）接收机捕获、合并可分辨的多径信号能量，从而提高系统在多径衰落信道中的性能。UWB 脉冲信号具有天然的多径分辨能力，因此可以采用瑞克接收技术对抗多径信道引起的时间弥散。若要捕获 85% 信道信号能量，往往需要几十甚至上百个瑞克叉指。鉴于 UWB 系统低功耗、低复杂度要求，瑞克接收机的设计应在复杂度和接收机性能之间进行折中考虑。

至今已有很多文章研究瑞克接收机在 UWB 系统中的应用，分析了各种瑞克接收机结构在 UWB 信道中的性能以及瑞克接收机性能与信号带宽的关系。按瑞克接收机结构可以分为全瑞克（A-Rake）、选择式瑞克（S-Rake）和部分瑞克（P-Rake），合并策略分为等增益合并（EGC）、最大比合并（MRC）。A-Rake 将所有可分辨的多径信号进行合并，S-Rake 在所有可能分辨的多径信号中选择最强的几个进行合并，而 P-Rake 将最先到达的几条径进行合并。EGC 对各径信号以相同的加权合并，而 MRC 根据信道估计结果对各径信号按强度加权合并。

就接收机性能而言，A-Rake优于S-Rake，S-Rake优于P-Rake，MRC优于EGC。就复杂度而言，EGC结合P-Rake最为简单，MRC与A-Rake结合实现复杂度最高。综合考虑接收机性能与实现复杂度，S-Rake与MRC结合对高速UWB系统是最合适的方案，而P-Rake与EGC结合特别适合于低成本、低功耗的低速系统。

由于UWB信号带宽相当大，收发天线和无线信道往往会引起较严重的信号波形失真。若瑞克接收机仍然采用理想的脉冲波形作为相关器模板，系统性能将有很大的损失。因此，在UWB系统中，需要根据接收信号对瑞克接收机相关器模板进行估计和修正。一种较为实用的方法是将实测得到的UWB脉冲波形作为相关器模板。信号带宽的选择也将影响瑞克接收机的复杂度和性能。仿真结果表明，若信号带宽在500 MHz左右，4~6叉指MRCS-Rake的性能已非常接近MRCA-Rake，若信号带宽在几吉赫兹，则所需瑞克叉指数高达数十个。

3. 信道估计

在数字通信系统中，若采用非相干检测则可以简化接收机复杂度，不需要进行复杂的信道估计。但非相干检测比相干检测有高达3 dB左右的性能损失，这对功率受限系统尤其难以接受。为了保证系统传输可靠性和功率效率，UWB系统一般采用相干检测，因此信道估计问题是UWB接收技术中的关键问题之一。

在基于脉冲的UWB系统中，采用瑞克接收机合并多径信号能量并进行相干检测，信道估计问题即估计多径信号的到达时间和幅度。在基于OFDM的UWB系统中，接收机根据信道频域响应对每个子信道进行频域均衡后进行相干检测，信道估计问题即估计信道频域响应。

UWB信道是典型的频率选择性衰落信道，在时域表现为多径弥散且呈现出多径成簇到达的现象。根据利用的先验信息分类，现有的信道估计方法分为数据辅助（Data-Aided）的信道估计和盲（Blind）信道估计。数据辅助的信道估计方法利用已知的训练符号进行信道估计，具有估计速度快的特点，但在频谱利用率和功率利用率上付出一定代价。盲信道估计不需要训练符号，利用信号自身的结构特点或数据信息内在的统计特征进行信道估计，但计算复杂度很高，收敛速度通常很慢。

UWB系统的典型应用环境为室内，与数据传输速率相比，信道的变化速度非常慢，可以看作准静态。因此，对于突发式的包传递模式，采用数据辅助的信道估计方法最为合适，仅需插入少量训练符号即可快速估计信道信息，配合判决反馈可进一步提高估计精度。盲信道估计则比较适合于连续传输模式的网络。

2.3 超宽带通信的系统方案

UWB系统方案需要根据具体应用需求、规则约束和信道特征进行优化选择。需要重点考虑的几项内容有频带规划、调制与多址方案、共存性问题、系统复杂度、成本与功耗等。按照美国联邦通信委员会（FCC）规定，UWB信号的可用带宽为7.5 GHz，瞬时辐射信号带宽应大于500 MHz。对于特定的应用，系统频带规划和应用方案需要综合考虑各种因素进行合理选择。目前已有的系统方案可以分为单频带和多频带两种体制，如图2.6所示。其中，PSD为功率谱密度。在多频带体制中，根据子带调制方式又可分为多带脉冲调制和多带正交频分复用（OFDM）调制两种方案。目前，在 UWB 无线通信系统单频带和多频带两种体制中，多频带体制逐渐成为主流技术。以英特尔和 TI 为主的至少有 20 个公司支持基于 OFDM 技术的多频带体制，并形成了多频带 OFDM 联盟。

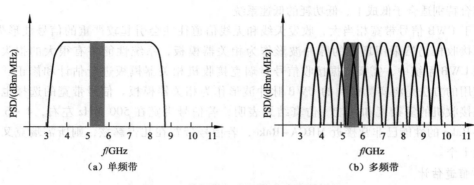

（a）单频带 　　　　　　　　　　　　　（b）多频带

图 2.6　单频带与多频带系统频带规划

2.3.1　单频带系统

在单频带系统中，仅使用单一的成形脉冲进行数据传输，信号频谱覆盖免授权频谱 3.1 ~ 10.6 GHz的一部分或全部，通常信号带宽高达几吉赫。图 2.7 所示为单带脉冲 UWB 系统信号示意图。由于信号带宽很大，其多径分辨率很高，抗衰落能力强，采用瑞克接收机可以有效地对抗频率选择性衰落。但由于信号的时间弥散严重，若采用瑞克接收机则需要较多的叉指数，增加了接收机复杂度。同时，在数字接收机中，单带信号对模/数转换器（ADC）的采样率和数字信号处理器（DSP）的处理速度提出很高要求。这在一定程度上将增加系统功耗。为解决共存性问题，单带系统一般采用开槽滤波器对信号进行滤波。从而避免与带内窄带系统相互干扰，但开槽滤波器的设计往往是比较复杂的。XSI 和摩托罗拉公司的方案是单带系统的典型代表，为避免与 UNII 频段（免授权国家信息设施频段）IEEE 802.11a 相互干扰，将 3.1 ~ 10.6 GHz 分为高（3.1 ~ 5.15 GHz）、低（5.825 ~ 10.6 GHz）两个频段，分别使用，避开 UNII 频段不用。

在单频带系统中，调制方式可以采用脉位调制（PPM）、脉幅调制（PAM），多址方式采用跳时多址（THMA）、直扩码分多址（DS-CDMA）。

对于低速系统，由于符号周期比较长，多径信道时延扩展不会引起符号间干扰，此时采用跳时-脉位调制（TH-PPM）、跳时-脉幅调制（TH-PAM）是较合适的 UWB 系统方案。在满足速率要求的前提下，采用二进制脉位调制（2-PPM）、二进制脉幅调制（2-PAM）将有利于降低设备复杂度，采用多进制脉位调制（M-PPM）或多进制脉幅调制（M-PAM）与较低的脉冲重复频率，则有利于克服多径信道引起的符号间干扰。

对于高速系统，由于符号周期较短，多径信道将引起严重的符号间干扰，THMA 的性能严重下降，采用 DS-CDMA 将有利于提高系统可靠性和多用户容量。若符号间干扰非常严重，则需要使用瑞克接收机 + 均衡器的方案进行消除。

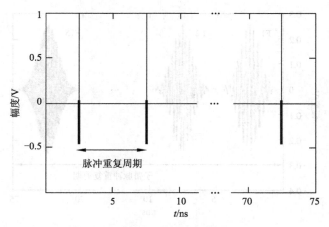

图 2.7 单频带脉冲 UWB 系统信号示意图

2.3.2 多频带系统

多频带系统的 3.1～10.6 GHz 频段被划分成若干个 500 MHz 左右的子带。根据具体应用需要，使用部分子带或全部子带进行数据传输。信号成形和数据调制在基带完成，通过射频载波搬移到不同子带。子带数量的增加使射频部分复杂度提高，通常需要复杂的射频频率合成电路和相应的切换控制电路。各子带接收信号经下变频处理后，可以使用相同的基带处理部件和算法完成数据检测。与单频带系统相比，由于每个子带比单频带信号的带宽小得多，数字接收机对 A/D 转换采样率和 DSP 计算速度降低了要求。较小的子带信号带宽使系统抗衰落性能有所下降，但捕获多径信号能量所需的瑞克接收机又指数较少。多频带系统在共存性和规则适应性方面具有很大的灵活性，为避免与窄带系统相互干扰，可以禁用某些子带，或者配合信道监听技术选择无干扰的子带进行数据传输。

在多带系统中，通常使用跳频技术（FH）解决多址问题。相对于符号速率，跳频速率可分为慢跳和快跳两种方式。慢跳是指跳频速率低于符号传输速率，连续几个符号在同一子带上传输。快跳是指跳频速率高于符号传输速率，每个符号在几个子带上传输。慢跳可以降低频率切换和同步捕获电路的复杂度，但多径信道引起的符号间干扰将影响传输可靠性。快跳可以克服符号间干扰并获得频率分集增益，但增加了频率切换和同步捕获的难度。因此，跳频方式的选择需要在传输速率、传输可靠性、系统复杂度之间进行折中考虑。

按调制方式区分，多带 UWB 系统又可分为多带脉冲无线电（MB-IR）和多带正交频分复用（MB-OFDM）两种方式，图 2.8 和图 2.9 分别为调频 MB-IR 和调频 MB-OFDM 的信号示意图。在 MB-IR 系统中，每个子带利用持续时间极短的窄脉冲携带信息，采用脉位调制（PPM）、脉幅调制（PAM）等调制方式。因此，MB-IR 系统继承了传统脉冲无线电的特点，可以采用瑞克接收机对抗多径信道引起的频率选择性衰落。由于采用了跳频技术，每个子带的脉冲重复频率大大下降，符号间干扰大大减弱，因此不必采用复杂的均衡技术。

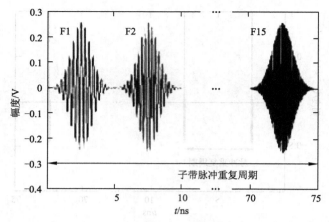

图 2.8 调频 MB-IR 系统信号示意图

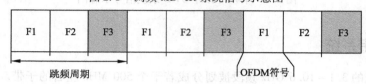

图 2.9 调频 MB-OFDM 系统信号示意图

OFDM—正交频分复用

在 MB-OFDM 系统中，每个子带被划分成若干个等间隔的窄带子信道，借助快速傅里叶逆变换/快速傅里叶变换（IFFT/FFT）进行 OFDM 调制/解调。因此，MB-OFDM 系统具有频谱利用率高、符号持续时间长的特点，借助于循环前缀（CP）可以克服多径信道引入的时延扩展。结合跳频技术、交织技术，MB-OFDM 系统可以进一步在时域和频域获得分集增益。OFDM 系统固有的峰均比问题、同步问题、载波间干扰问题是 MB-OFDM 系统的难点。

2.4 超宽带技术的应用及研究方向

2.4.1 超宽带技术的应用

由于 UWB 具有巨大的数据传输速率优势，同时受发射功率的限制，在短距离范围内提供高速无线数据传输将是 UWB 的重要应用领域，如当前 WLAN 和 WPAN 的各种应用。此外，通过降低数据传输速率提高应用范围，具有对信道衰落不敏感、发射信号功率谱密度低、安全性高、系统复杂度低，能提供数厘米的定位精度等优点。UWB 非常适用于短距离数字化的音视频无线链接、短距离宽带高速无线接入等相关领域。UWB 的主要应用如下：

1. 短距离（10 m 以内）高速无线多媒体智能局域网和个域网

UWB 过去的应用主要是在军事领域，近些年来，随着技术的开放，UWB 应用遍及个人计算机、消费电子产品以及移动通信领域，可以将家庭、办公室或者汽车中的电子设备连接起来，使得设备之间的互通更加便捷。在办公室中，各种计算机、外设和数字多媒体设备根据需要，利用 UWB 技术，可在小范围内动态地组成分布式自组织（Ad hoc）网络协同工作，连接、传送高速多媒体数据，并可通过宽带网关，接入高速互联网或其他网络。这一领域将融合计算机、通信和消费娱乐业，被视为具有超过电话的最大市场发展潜力。

2. 智能交通系统

UWB 系统同时具有无线通信和定位的功能，可以应用于智能交通系统中，为车辆防撞、电子牌照、电子驾照、智能收费、智能网络、测速、监视等提供高性能、低成本的解决方案。

3. 军事、公安、消防、医疗、救援、测量、勘探和科研等领域

UWB 用于安全通信、救援应急通信、精确测距和定位、透地探测雷达、穿墙成像、入侵检测、医用成像、储藏罐内容探测等。

4. 传感器网络和智能环境

这种环境包括生活环境、生产环境、办公环境等，主要用于对各种对象（人和物）进行检测、识别、控制和通信。

UWB 系统在很低的功率谱密度情况下，已经证实能够在户内提供超过 480 Mbit/s 的可靠数据传输。与当前流行的短距离无线通信技术相比，UWB 具有巨大的数据传输速率优势，最大可以提供高达 1 000 Mbit/s 以上的传输速率。UWB 技术在无线通信方面的创新性、利益性已引起了全球业界的关注。与蓝牙、IEEE 802.11b 等无线通信相比，UWB 可以提供更快、更远、更宽的传输速率，越来越多的研究者投入到了 UWB 领域，有的单纯开发 UWB 技术，有的开发 UWB 应用，有的兼而有之。特别地，UWB 在家庭数字娱乐领域大有用武之地。在过去的几年里，家庭电子消费产品层出不穷，PC、DVD、DVR、数码照相机、数码摄像机、HDTV、PDA、数字机顶盒、MD、MP3、智能家电等出现在普通家庭里。如何把这些相互独立的信息产品有机地结合起来，这是建立家庭数字娱乐中心一个关键技术问题。未来"家庭数字娱乐中心"的概念是：将来住宅中的 PC、娱乐设备、智能家电和 Internet 都连接在一起，人们可以在任何地方更加轻松地使用它们。例如，家庭用户存储的视频数据可以在 PC、DVD、TV、PDA 等设备上共享观看，可以自由地同 Internet 交互信息；可以遥控 PC，让它控制信息家电；也可以通过 Internet 连机，用无线手柄结合音像设备营造出逼真的虚拟游戏空间。无线连接的桌面设备如图 2.10 所示。在这方面，应用 UWB 技术无疑是一个很好的选择。相信 UWB 技术不仅为低端用户所喜爱，且在一些高端技术领域，在军事需求和商业市场的推动下，UWB 技术将会进一步发展和成熟起来。

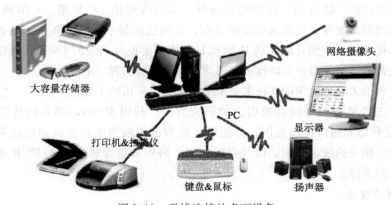

图 2.10　无线连接的桌面设备

2.4.2　超宽带技术的研究方向

在超宽带无线电极大吸引力的背后，隐藏着许多极具挑战性的课题。超宽带无线通信技术目前的研究热点主要有以下几方面：

1. 脉冲波形设计和调制理论

脉冲波形设计和信号调制是 UWB 通信系统中的首要环节。面对目前紧张的无线通信资源，UWB 信号必须避免在其所占的频域上对现有无线系统造成干扰，这也是制定频谱规范以利于 UWB 技术推广的初衷。FCC 在 UWB 信号的开放频段 3.1 ~ 10.6 GHz 内，限定发射功率谱密度应小于 −41.3 dBm/MHz。因此，脉冲波形设计应满足频谱规范，同时应尽可能地利用更大带宽。

最常见的 UWB 调制方式包括脉冲幅度调制（PAM）和脉冲位置调制（PPM），其他方式还包括传输参考调制（Transmitted-Reference，TR）、开关键控调制（OOK）、脉冲形状调制（Pulse Shape Modulation）和混沌调制（Chaotic Pulse Position Modulation）等。还有一种与 TR 方式对应的码参考调制（Coded-Reference，CR），参考码和信号具有正交性，能获得良好的解调性能和低复杂度实现。随着光通信技术的发展，基于光脉冲波形产生和调制的 UWB 系统也成了新的研究方向。

2. UWB 天线设计和 MIMO-UWB

UWB 信号占据带宽很大，在直接发射基带脉冲时，需要对设备功耗和信号辐射功率谱密度提出严格要求，这使得 UWB 通信系统收发天线的设计面临着巨大挑战。辐射波形角度和损耗补偿、线性带宽、不同频点上的辐射特性、激励波形的选取等都是天线设计中的关键问题。在要求通信终端小型化的应用中，往往要求设计高性能、小尺寸、暂态性能好的 UWB 天线。最近的研究集中在这一应用中的 UWB 天线，出现了多种具有超宽带性能的微带天线、缝隙天线、平面单极天线、频率无关天线等。宽频带和小型化是超宽带天线的两个发展趋势，在宽频带和小型化的同时，增益也要尽量提高，以可信的质量更加有效地达到抗干扰、抗截获的目的。此外，为了减小 WiMax（3.3 ~ 3.6 GHz）、WLAN（5.1 ~ 5.9 GHz）等窄带通信系统对 UWB 通信系统的干扰，具有频带阻隔特性的陷波 UWB 天线设计成为研究热点。陷波 UWB 天线最初由美国 Schantz 等人于 2003 年提出，可以通过引入寄生单元、分形结构、调谐枝节、开槽等方式实现。这些方式中，开槽结构由于其实现比较简单，且对工作频带内的阻抗匹配影响较小，因而获得广泛应用。开槽形状各异，如直线形槽、C 形槽、V 形槽、U 形槽等，它们的共同原理都是改变天线表面电流的分布，从而达到频率阻隔的效果。编者提出了一种在辐射贴片和接地板上分别开圆弧状 H 槽和 L 形槽来实现双陷波的 UWB 天线结构；进一步地，在此天线背面添加具有开关特性的环形寄生单元还可实现三陷波功能。

以多天线理论为基础的 MIMO 技术是未来无线通信采用的主要技术之一，考虑到 UWB 的技术特点，将二者结合也是极具吸引力的研究方向。利用 MIMO-UWB 的优势，可以提高 UWB 系统容量和增大通信覆盖范围，并能满足高数据传输速率和更高通信质量的要求。此外，与天线理论相关的波束赋形，以及空时编码、协作分集等在 MIMO-UWB 系统中的应用也得到了较多的关注。

3. 同步捕获技术

在超宽带系统中，同步是极大的难题和挑战，这是因为：

（1）超宽带脉冲持续时间极短，很难捕捉。

（2）信号能量低（功率受限）。

（3）信道环境复杂。

现有的同步算法大致分为两类：

（1）基于相关搜索的同步算法。该类算法存在的问题是：需要高达几吉比特/秒甚至几十吉比特/秒的采样速率的 A/D 转换器，目前在硬件上无法实现，而且同步时间长。

（2）基于估计的同步算法。该类算法存在的问题是：要么同样需要高达几吉比特/秒甚至几十吉比特/秒的采样速率的 A/D 转换器，要么可以避免高速率采样，但需要精度在亚纳秒级的延时系统，在硬件上同样无法实现。

4. 信道估计

信道估计的任务是分析和测量信道对发射信号的衰减和延时，信道估计效果的好坏直接影响着 Rake 接收机的工作性能。因此，信道估计是分析和设计 UWB 无线通信系统的核心问题之一。

信道估计方法通常分为两类：一类是基于训练序列的信道估计方法；一类是盲信道估计方法。现有算法存在问题：一是算法复杂度高，需要多维搜索；二是算法系统复杂度高，如所需处理时延较大或数据处理量较大等。

5. 认知超宽带

认知无线电（Cognitive Radio，CR）是一种智能的无线电技术，它具有学习能力，能与周围环境交互信息，以感知和利用在该空间的可用频谱，并限制和降低冲突的发生。CR 与 UWB 都是提高频谱利用率的技术手段，所以 CR 与 UWB 结合，具有广阔的应用场景。认知超宽带是一种基于频谱感知的、具有自适应发射功率谱密度和灵活波形的新型超宽带系统。该系统的基本原理主要是利用 CR 能够感知周围频谱环境和 UWB 系统易于数字化软件化的特性，依据感知得到的频谱信息和动态频谱分配策略来自适应地构建 UWB 系统的频谱结构，并生成相应的频谱灵活的自适应脉冲波形，根据信道的状态信息进行自适应的发射与接收。

小　　结

本章首先概述超宽带技术的产生与发展及其技术特点，由于超宽带（UWB）系统占据极大的带宽，其信道传播特征与传统的无线信道有明显的差异，故详细介绍了 UWB 信道传播特征。接下来对超宽带的关键技术，如调制与多址技术和无线脉冲成形技术等做了详细介绍，然后描述了 UWB 的系统和技术方案，最后介绍了 UWB 的应用和研究方向。

UWB 研究已经有多年的历史，虽然目前 UWB 技术的国际化标准进程比较坎坷，但应该注意到 UWB 具有的独特优势：与蓝牙、IEEE 802.11.b 等技术相比，UWB 可以提供更快、更远、更宽的传输速率。越来越多的研究者投入到了 UWB 领域，有的单纯开发 UWB 技术，有的开发 UWB 应用，有的兼而有之。相信 UWB 技术，不仅为低端用户所喜爱，且在一些高端技术领域，在军事需求和商业市场的推动下，UWB 技术将会进一步发展和成熟起来。

思考与练习

1. 简述 UWB 技术的发展历程。

2. 简述 UWB 技术的主要技术特点，并用自己的语言阐述 UWB 的技术优势。

3. 超宽带无线通信脉冲成形技术有哪些？各有什么特点？

4. UWB 调制技术和多址技术有哪些？它们的特点是什么？

5. 单频带系统和多频带系统各自的优缺点是什么？

6. 简述两种高速 UWB 技术方案的特点及各自应用领域。

7. 描述 UWB 的信道传播特性。

8. 简述 UWB 系统定时同步方法。

9. 如何选择瑞克接收机？

10. 如何看待 UWB 的标准化之争以及 UWB 的应用前景？

11. UWB 技术有哪些应用？

参 考 文 献

[1] 焦胜才. 超宽带通信系统关键技术研究 [D]. 北京：北京邮电大学出版社，2006.

[2] 王德强，李长青，乐光新. 超宽带无线通信技术 1 [J]. 中兴通信技术，2005，11（4）：75-78.

[3] 王德强，李长青，乐光新. 超宽带无线通信技术 2 [J]. 中兴通信技术，2005，11（5）：54-58.

[4] 王德强，李长青，乐光新. 超宽带无线通信技术 3 [J]. 中兴通信技术，2005，11（6）：55-59.

[5] 武海斌. 超宽带无线通信技术的研究 [J]. 无线电工程，2003，33（10）：50-53.

[6] 葛利嘉. 超宽带无线电及其在军事通信中的应用前景 [J]. 重庆通信学院学报，2000，19（3）：1-9.

[7] 刘琪，闫丽，周正. UWB 的技术特点及其发展方向 [J]. 现代电信科技，2009（10）：6-10.

[8] BARRETT T W. History of ultra wide band（UWB）radar and communications：pioneersand innovators [C]. Progress in Electromagnetics Symposium 2000（PIERS2000），2000.

[9] ROSA L A D. Random Impulse System [R]. United States Patent Office, 1954.

[10] ROSS G F. A new wideband antenna receiving element [R]. NREM conference symposium record, 1967.

[11] NICHOLSON A M, ROSS G F. A new radar concept for short-range application [C]. Proceedings of IEEE first Int. Radar Conference, 1975：146-151.

[12] MOREY R N. Geophysical survey system employing electromagnetic impulse [OL]. United States Patent Office, 1974.

[13] BENNETT C L, ROSS G F. Time-domain electromagnetics and its application [J]. Proceedings of the IEEE, 1987, 66（3）：299-318.

[14] SCHOLTZ R A. Impulse radio [J]. IEEE PIMRC97, 1997.

[15] 美国联邦通信委员会. FCC：federal communications commission [EB/OL]. Rule Part15, 2003. http://ftp.fcc.gov/oet/info/rules/part15/part15_12_8_03.pdf.

[16] FCC 文献[EB/OL]. http://www.fcc.gov/.

[17] IEEE 802.15 工作组文献[EB/OL]. http:// IEEE 802.org/15/index.html.

[18] 多频带 OFDM 联盟. MBOA：Multi-Band OFDM Alliance[EB/OL]. http://www.mboa.org/.

[19] WiMedia 联盟[EB/OL]. http://www.wimedia.org/.

[20] UltraLab[EB/OL]. http://ultra. usc. edu/New_Site/.

[21] WIN M Z,SCHOLTZ R A. Ultra-wide bandwidth signal propagation for indoor wireless communications[C]. Proc. IEEE International Conference on Communications, 1997, 1: 56-60.

[22] WIN M Z,SCHOLTZ R A. Impulse radio: how it works[J]. IEEE Communications Letters, 1998, 2(2): 36-38.

[23] CRAMER R J,WIN M Z,SCHOLTZ R A. Impulse radio multipath characteristics and diversity reception[C]. Conference Record of 1998 IEEE International Conference on Communications, 1998, 98(3): 1650-1654.

[24] SCHANTZ H G,WOLENCE G,MYSZKA E M. Frequency notched UWB antenna[C]. IEEE Conference on Ultra-Wideband Systems and Technologies, RestonVA, USA, 2003: 214-218.

[25] LOTFI P, AZARMANESH M, SOLTANI S. Rotatable dual band-notched UWB/triple-band WLAN reconfigurable antenna[J]. IEEE Antennas and Wireless Propagation Letters, 2013, 12(1): 104-107.

[26] BING L,JING-SONG H,BING-ZHONG W. Switched band-notched UWB/dual-band WLAN slot antenna with inverted S-shaped slots [J]. IEEE Antennas and Wireless Propagation Letters, 2012, 11(1): 572-575.

[27] 叶亮华,褚庆昕.一种小型的具有良好陷波特性的超宽带缝隙天线[J].电子学报, 2010, 38(12): 2862-2867.

[28] 施荣华, 徐曦, 董健.一种双陷波超宽带天线设计与研究[J].电子与信息学报, 2014, 36(2): 482-487.

[29] 董健, 胡国强,徐曦, 等.一种可控三陷波超宽带天线设计与研究[J].电子与信息学报, 2015,37(9):2277-2281.

第 ③ 章　人体区域无线通信系统

3.1　WBAN 概述

近年来,随着无线传感网络技术和先进电子集成制造技术的发展,人体区域无线网络(Wireless Body Area Networks, WBAN)的实现成为可能。WBAN 是一种基于微型体内和体表传感器的低功耗无线通信网络,用于对人体关键生理电信号进行监测。这些传感器采集到的数据通过无线传输介质传播至远程节点,然后上传至更高一级的平台用于数据分析、解译和应用。

WBAN 通信包括如下三大类:其一是体表节点与外部基站之间的通信;其二是体表上两个节点的通信;其三是植入体内的节点和外部节点间的通信,分别被称为离体通信、体上通信和体内通信。IEEE 已发布了用于 WBAN 的标准 IEEE 804.15.6　TG6,用于实现体内、体上和人体周围的短距离、低功耗、高可靠性的无线通信网络架构中物理层(Physical Layer, PHY)和介质访问控制层(Medium Access Control, MAC)的规范和标准化。该标准包括 WBAN 应用中的 8 个应用场景:

(1)植入端点到植入端点;

(2)植入端点到体表端点;

(3)植入端点到外部端点;

(4)体表端点到体表端点(可视传播, Line-of-Sight, LOS);

(5)体表端点到体表端点(非可视传播, Non Line-of-Sight, NLOS);

(6)体表端点到外部端点(LOS);

(7)体表端点到外部端点(NLOS)。

WBAN 可以用在多种场合,如医疗保健领域的人体电生理信号监测、个人娱乐应用、工业领域中特殊环境下工人健康状况监测等。一个典型的三级 WBAN 系统拓扑图如图 3.1 所示。

传感器节点和网关节点间采用短距无线通信机制。网关节点与协调器节点之间可以采用短距通信链路,也可以采用长距通信链路。协调器节点将数据上传至互联网,进而可以传输至远程数据库。传感器节点与网关节点间采用星形拓扑形式,多个网关节点与协调器节点间也采用这种形式。

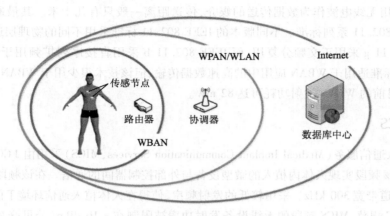

图 3.1 三级 WBAN 通信系统拓扑图

3.2 WBAN 物理链路实现技术

目前有多种无线通信技术被考虑应用到 WBAN 系统中。本节简要介绍这些典型的无线通信技术。

3.2.1 ZigBee

ZigBee 协议是由 ZigBee 联盟制定的无线通信标准,该联盟成立于 2001 年 8 月。2002 年下半年,英国 Invensys 公司、日本三菱电气公司、美国摩托罗拉公司以及荷兰飞利浦半导体公司共同宣布加入 ZigBee 联盟,研发名为 ZigBee 的下一代无线通信标准。ZigBee 联盟的目的是为了在全球统一标准上实现简单可靠、价格低廉、功耗低、无线连接的监测和控制产品进行合作,并于 2004 年 12 月发布了第一个正式标准。

ZigBee 的基础是 IEEE 802.15.4,这是 IEEE 无线个人区域网工作组的一项标准。该标准支持 868 MHz 下单通道 20 kbit/s,915 MHz 下 10 通道 40 kbit/s(每通道),2.4 GHz 下 16 通道 250 kbit/s(每通道)的通信。由于数据包开销和处理延迟,实际的数据吞吐量会小于规定的比特率。作为支持低速率、低功耗、短距离无线通信的协议标准,IEEE 802.15.4 在无线电频率和数据传输速率、数据传输模型、设备类型、网络工作方式、安全等方面都做出了说明,并且将协议模型划分为物理层和媒体接入控制层两个子层进行实现。

ZigBee 网络拓扑包括三类节点:终端设备、路由节点和网络协调节点。ZigBee 网络协调节点对网络进行初始化并对网络资源加以管理。路由节点使得设备可以通过多跳通信的方式与网络互联。终端设备与父节点(路由节点或网络协调节点)以最简方式通信以降低功耗。

ZigBee 技术用于医疗领域时也有其不足之处。它与 WLAN 和蓝牙都处于 2.4 GHz 频段,使得该频段趋于拥挤。基于 Zigbee 的传感节点的功耗是比较高的。举例来说,商用收发模块 Chipcon IC(CC2420)在发射和接收模式下的电流分别达到 17.4 mA 和 19.7 mA。

3.2.2 WLAN

无线局域网络(Wireless Local Area Networks,WLAN)是不使用任何导线或传输电缆连接的局域网,而使用无线电波作为数据传送的媒介,传送距离一般只有几十米。其最通用的标准是 IEEE 定义的 802.11 系列标准。不同版本的 IEEE 802.11 标准采用不同的物理层通信机制。例如,IEEE 802.11 g 采用正交频分复用,而 IEEE 802.11 b 采用直接序列扩频用于物理层通信。尽管 WLAN 标准适用于 WBAN 应用中的高速数据传输,但该技术很少用于 WBAN 中,原因就是其高功耗。目前的 WLAN 发射功耗可达 82 mW。

3.2.3 MICS

医疗植入通信服务(Medical Implant Communication Services,MICS)采用由 FCC 指定分配的 401 ~ 406 MHz 频段实现人体内植入的微型设备与外部控制器间的通信。在该频段内分配了 10 个信道,单信道带宽 300 kHz。采用较低的发射频率,使得在人体植入通信环境下的传播衰减较小。根据 FCC 规范,MICS 频段的无线设备发射功率被限制在 – 16 dBm(分贝毫瓦),并要求其收发终端采用干扰对消技术以降低同频段其他无线电信号的干扰。MICS 设备采用发送前监听(Listen–Before–Talk,LBT)技术,在开始通信之前对无线信道进行监测。如果该信道处于忙碌状态,则 MICS 收发机运用自适应频率捷变(Adaptive Frequency Agile,AFA)技术切换到另一个信道。MICS 由于其带宽限制,仅能适用于低数据传输速率通信,并不能用于 WBAN 中的高速数据处理场合。

3.2.4 蓝牙技术

蓝牙(Bluetooth)使用 2.4 GHz 的 ISM 波段,可实现固定设备、移动设备和楼宇个人域网之间的短距离数据交换。蓝牙使用跳频技术,将传输的数据分割成数据包,通过 79 个指定的蓝牙频道分别传输数据包,每个频道的频宽为 1 MHz。蓝牙 4.0 使用 2 MHz 间距,可容纳 40 个频道。第一个频道始于 2 402 MHz,每 1 MHz 一个频道,至 2 480 MHz。有了适配跳频(Adaptive Frequency–Hopping,AFH)功能,通常每秒跳 1 600 次。和 ZigBee 技术一样,蓝牙也面临着 2.4 GHz 频段拥挤的问题。它还缺乏在数据传输速率和可支持设备方面的开发裕度。

3.2.5 超宽带技术

2002 年,FCC 发布了商用超宽带(Ultra Wide Band,UWB)通信的第一份报告。在该报告中,UWB 信号定义为:相对带宽(– 10dB 带宽)大于 20%,或绝对带宽大于 500 MHz。FCC 对 UWB 信号的发射功率有严格的限制,峰值功率不高于 0 dBm[dBm 与 mW 的换算关系:xdBm $= 10$lg$P$(功率值/1 mW)],平均功率不高于 – 41.3 dBm/MHz。UWB 信号的频段包括 0 ~ 960 MHz 和 3.1 ~ 10.6 GHz。在 2005 年,FCC 更新了关于 UWB 发射功率的限制,允许门控 UWB 传输系统有更高的峰值功率。2007 年,国际标准委员会基于无线媒体 UWB 通用无线电平台发布了 UWB 通信的国际标准。图 3.2 所示为 UWB 通信频谱和其他无线通信技术的频谱。其中,EIRP 为等效全向辐射功率。

UWB 通信主要包括两类:其一是冲激脉冲无线电 UWB(Impulse Radio–Ultra–Wide Band,IR–UWB);其二是多载波 UWB(Multi Carrier–Ultra–Wide Band,MC–UWB)。MC–UWB 采用正交频分复用(Orthogonal Frequency Division Multiplexing,OFDM)技术通过多个副载波传输数据。该技术被无线媒体联盟用于无线多媒体数据的传输。但由于 OFDM 收发端复杂的信号处理流程,MC–UWB 的功耗很大。Aleron 公司的 UWB 无线媒体芯片功耗可达 300 mW,并不适用于 WBAN。

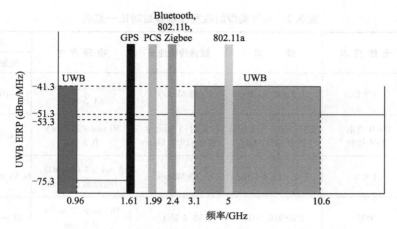

图 3.2　UWB 通信频谱和其他无线通信技术频谱示意图

IR-UWB 系统发射超短时间脉冲来进行数据传递,可以采用诸如脉冲位置调制(Pluse Position Modulation,PPM)或开关键控(On-Off-Keying,OOK)的简单调制方式。简单的调制方式,带来的是硬件实现的简化和功耗的大幅降低,这使得该技术可以有效应用于 WBAN 中。

3.2.6　WBAN 物理链路实现技术的对比分析

本节从数据传输速率容量、抗干扰、功耗和终端尺寸方面对上述的无线通信技术加以对比分析。表 3.1 所示为几种针对 WBAN 通信备选的无线技术对比。

表 3.1　用于 WBAN 备选的无线通信技术对比

项目 \ 技术	Zigbee	WLAN		MICS	蓝牙	UWB
频段	2.4 GHz	2.4 GHz	5 GHz	401～406 MHz	2.4 GHz	3.1～10.6 GHz
发射功率	0 dBm	10～30 dBm	10～30 dBm	-16 dBm	0 dBm	-41.3 dBm/MHz
信道数目	16	13	23	10	10	—
信道带宽	2 MHz	22 MHz	20/40 MHz	300 kHz	1 MHz	≥500 MHz
数据传输速率	250 kbit/s	11 Mbit/s	54 Mbit/s	200～800 kbit/s	1 Mbit/s	850 kbit/s～20 Mbit/s
传输距离	0～10 m	0～100 m	0～100 m	0～10 m	0～10 m	2 m

在上述备选的技术方案中,UWB 和 WLAN 适用于 WBAN 应用中神经信号记录和无线胶囊内镜(Wireless Capsule Endoscopy,WCE)等高数据传输速率场合。但由于 WLAN 的高功耗,该技术很少用于 WBAN 中。MICS 的带宽较窄,仅能用于 WBAN 的低数据传输速率场合。

ZigBee、蓝牙和 WLAN 都工作在 2.4 GHz 频段,因此干扰严重。工作在 5 GHz 的 WLAN 设备会对 UWB 信号造成干扰。在 3.1～10 GHz 频带中合理地选择 UWB 子带信号即可有效避免这种干扰。MICS 采用专用频带,因此受其他无线通信信号的干扰最小。

在 WBAN 应用中,无线收发终端的功耗和体积尺寸是要考虑的重要因素。表 3.2 所示为当前可用的 WBAN 平台的工作参数对比。

表 3.2　几种类型的收发终端参数对比一览表

传感器	无线技术	频率	数据传输速率	物理尺寸	功耗/电流	
					发射	接收
UWB	UWB	3.5～4.5 GHz	10 Mbit/s	27 mm×25 mm×1.5 mm	8 mW	
	UWB 发射、ISM 接收	发射:3.5～4.5 GHz 接收:433 MHz	发射:5 Mbit/s 接收:19.2 kbit/s	30 mm×25 mm×0.5 mm	3 mW	10 mW
	UWB	3.1～10.6 GHz	10 Mbit/s	3 mm×4 mm(IC),电路板长 5 cm	0.35 mW	10 Mbit/s 时 62 mW
Mica2	ISM	868/916 MHz	38.4 kbit/s	58 mm×32 mm×0.7 mm	27 mA	10 mA
MicAz	Zigbee	2.4 GHz	250 kbit/s	58 mm×32 mm×0.7 mm	17.4 mA	19.7 mA
Mica2DOT	ISM	433 MHz	38.4 kbit/s	25 mm×6 mm	25 mA	8 mA
CC1010	窄带	300～1 000 MHz	76.8 kbit/s	12 mm×12 mm（芯片）	26.6 mA	11.9 mA
CC2400	ISM	2.4 GHz	1 Mbit/s	7.1 mm×7.1 mm（芯片）	19 mA	23 mA
MICS	MICS	402～405 MHz	800 kbit/s	7 mm×7 mm（芯片）	连续收发时 5 mA	
	MICS	402～405 MHz	8 kbit/s	－	25 mA	7.5 mA
蓝牙	蓝牙	2.4 GHz	115 kbit/s	18 mm²	连续收发时 21 mA	

　　由表 3.2 可见,WBAN 应用中,如果传感器节点采用 UWB 发射,则在功耗、体积和数据传输速率方面,比窄带系统有更大的优势。

3.3　WBAN 系统中的 MAC 协议

　　人体健康监护无线通信系统的基本要求是能够将人体生理电信号从体内或体表传感器节点传递至远程终端。多数的传感器节点都是电池供电的,因此就要求具有较低的功耗。而随着生物信号测量技术的发展,对 WBAN 系统的数据传输速率又提出了更高的要求。因此,WBAN 系统要满足低功耗和高数据传输速率两个方面的要求。IR-UWB 技术是一种较为合适的实现方案,其主要弊端在于接收端的复杂性。由于冲激脉冲的脉宽很窄,发射信号的功率很低,这就使得 IR-UWB 接收机的前端电路较为复杂,并且整个接收机的功耗较高。采用低功耗接收机时,接收机前段的冲激脉冲信号同步问题是制约 IR-UWB 应用于体内植入WBAN 的主要问题。

　　UWB 系统的 MAC 协议控制着 UWB 通道的多址接入,可以通过对 MAC 协议的合理设计来充分发挥 UWB 信号的优势,克服 UWB 接收机过于复杂的不利因素。采用随机媒质访问方法或仅发射的多址接入 MAC 协议是一种可能的选择。下面对可用于 WBAN 系统的 UWB MAC 协议进行分析。

3.3.1　IEEE 802.15 标准

IEEE 802.15.6 标准是第一个用于体内和体表无线通信的 MAC 设计架构标准,它建议采用星形拓扑形式在 WBAN 的无线节点间建立网络,通过复帧结构在时域实现多址访问。复帧被分割为等时长的时隙,由中央协调器分配给传感器节点。中央协调器控制着无线媒质的共享访问。该标准支持用于 IR-UWB 的 3 种调制方式:开关键控(OOK),差分二进制相移键控(Differential Binary Phase Shift Keying,DBPSK)和差分正交相移键控(Differential Quadrature Phase Shift Keying,DQPSK)。图 3.3 所示为 IR-UWB 数据通信中物理层协议数据单元(Physical layer Protocol Data Unit,简称 PPDU)的组成。

图 3.3　IR-UWB 数据通信中物理层协议数据单元

该标准的主要缺陷如下:

(1)忽视了 UWB 发射接收终端物理实现时的限制条件。该标准将 UWB 接收机放置在传感器终端,物理实现上面临着高功耗和复杂的电路设计问题。

(2)忽视了通过占空比和门控脉冲传输技术对 UWB 脉冲加以发射功率的优化控制,从而可以降低功耗。

IEEE 802.15.4a 标准是目前讨论最为广泛的 UWB 通信标准,主要应用于低数据传输速率UWB 通信和测距场合,其复帧数据结构如图 3.4 所示。

图 3.4　IEEE 802.15.4a 复帧数据结构

该标准与 IEEE 802.15.6 标准一样,具有一定的缺陷。此外,该标准不支持高速数据传递,在 UWB 通信中应用有限。

3.3.2　基于 PSMA 和 ER 的 MAC 协议

前导码检测多径访问(Preamble Sense Multiple Access,PSMA)是指在数据包之前插入一段前导码序列用于表征该信道被占用,接收端通过检测该前导码的有无进而判断信道的占用或空闲状态,其设计目的是降低传统协议中出现的虚警和漏检概率。图 3.5 所示为基于 PSMA 的复帧结构的数据发送示意图。

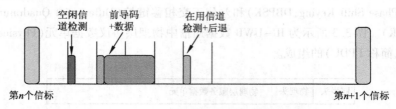

图 3.5　基于 PSMA 的复帧结构的数据发送

通过仿真计算,该协议用于 WBAN 大数据量传感器网络时,在数据吞吐量和功耗方面要优于标准的 IEEE 802.15.4a。

该协议的缺陷同样是没有考虑 UWB 接收端的复杂实现方式和功耗。此外,也没有考虑两个或更多的传感器节点同时进行前导码检测时造成的冲突检测问题。

基于排除区域(Exclusion Region,ER)的 MAC 协议是考虑了发射端和接收端的天线辐射特性而提出的。ER 是指一个包围着接收端的空间区域,在该区域中的发射传感器节点间存在信号互扰,在 ER 区域之外的发射传感器节点间没有互扰,如图 3.6 所示。

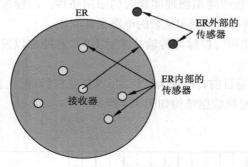

图 3.6　ER 示意图

在该 MAC 协议中,同一个 ER 内部的传感器节点之间的通信采用暂态跳时码传输,不同 ER 中的传感器节点可以同时传输数据,所有的传感器节点采用异步传输的方式。该协议的主要目的是降低互扰。

其主要缺陷在于没有考虑诸如脉冲同步和同一 ER 内传感器节点内的多址访问问题。另外,它假定一个传感器节点可以通过精确的测距技术来确定是否处于某一 ER 内。

3.3.3　UWB^2

UWB^2(Uncoordinated Wireless Baseborn Access for UWB Networks,UWB^2)协议采用正交跳时

码实现共享介质的多次访问。初始化时,传感器节点采用跳时码发送一个链路建立(Link Establishment,LE)帧,如图3.7(a)所示。在该帧中,传感器节点发送一个跳时码用于和协调器节点的通信。协调器节点回复一个链路控制(Link Control,LC)消息并监听分配给传感器节点的跳时码。在传感器初始化之后,接着就是采用建议跳时码编码的数据传输,其数据帧结构如图3.7(b)所示。

同步预告	接收节点的 ID	发送节点的 ID	TH标识位	TH码

(a) LE帧

同步预告	接收节点的 ID	发送节点的 ID	协议数据单元	数据包的数目	数据载荷

(b) 数据帧

图 3.7 UWB² 数据帧结构

该 MAC 协议的优势在于,通过采用正交跳时码通信而无须进行空闲信道评估,从而可以很大程度上降低功耗。其缺陷在于,在链路控制帧丢失的情况下,无法进行数据传输的再次初始化,这时传感器节点发送的数据会被永久屏蔽。此外,在控制消息中采用一般跳时码会造成碰撞,该协议没有提供一种方法来避免或减小这种碰撞。

3.3.4 U-MAC 和 DCC-MAC

U-MAC 协议采用自适应的主动激活代替传统的重新激活。自适应主动激活的含义是指:传感器节点发送类似"hello"的指令来广播自己的局部状态,该指令以所有节点都知道的预设恒定功率电平发射,节点利用该广播信息对发射功率和数据传输速率加以动态调配。与其他 UWB-MAC 协议以协调器为中心的模式不同的是,U-MAC 协议更倾向于以传感器为中心进行网络架构。和 UWB² 协议类似,U-MAC 也是采用唯一跳时码实现对共享介质的多路访问,控制消息是采用一般跳时码发送的。图3.8 所示为 U-MAC 协议的传感器初始化过程。

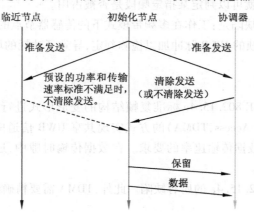

图 3.8 U-MAC 协议的传感器初始化

初始化之后,便是数据的无线传输。在数据传输的过程中,根据传感器节点的要求,通过"hello"指令可以实现链路传输参数的动态调节。U-MAC 协议的缺陷在于:传感器节点的数据处理负担较重,接收端的功耗和硬件复杂度问题比较突出。

基于动态通道编码(Dynamic Channel Coding,DCC)的 MAC 协议,其目的是降低多址干扰。该协议中,假定所有的传感器节点都以最大允许发射功率工作,在物理层中采用交叉层技术来降低多址干扰。当用于传感器节点终端的接收端时,该协议有与 UWB[2] 和 U-MAC 协议相同的缺陷。它以增加物理层的复杂度为代价来降低多址干扰。此外,分配给传感器节点的数据计算负荷带来了高功耗。

3.3.5 冲激脉冲 UWB 的多波段 MAC

多波段 MAC 中,每个传感器–协调器通信链路分配唯一的频带实现多址访问。具有唯一频段的控制频道用来进行传感器的初始化和控制消息的传输。控制频道和数据传输频道都是 500 MHz 的带宽。其主要优势在于,可以实现多个传感器节点的数据同时传输。这有助于减少冲突概率,进而提高数据吞吐率,降低时延,符合 WBAN 的数据传输应用。多波段 MAC 的复帧结构如图 3.9 所示。

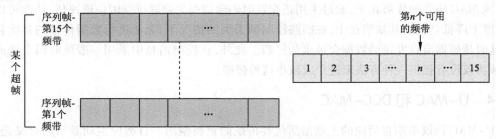

图 3.9　多波段 MAC 的复帧结构

该复帧包括 15 个序列帧,每个序列分别占用一个频带用于数据传输。在两个复帧中间,有一个可用帧。该可用帧用来标示某一指定频段是否可用。如果传感器节点要在该指定频段继续传输数据,就需要在相关的时隙发射连续 UWB 脉冲来标示该指定频段已被占用。通过这种方式,其他的传感器节点就可以判定某指定频段是否被占用。

多波段 MAC 的主要缺陷是:工作在多频带模式下的传感器节点的硬件复杂度增大。另外,UWB 接收端必须对可用帧的 UWB 脉冲加以检测判定,导致了功耗的增加。

3.3.6 脉冲串

脉冲串协议采用 IEEE 802.15.4a 标准复帧结构的变形形式进行组网通信,它采用时分多址(Time Division Multiple Access,TDMA)的方式实现共享 UWB 信道中的多址访问。该协议能很好地适应 WBAN 对高数据传输速率的要求。在数据传输时隙中,还可以将传感器节点置为被动模式,从而降低功耗。

该协议具有 IEEE 802.15.4a 的所有缺陷。此外,TDMA 需要精确的时间同步。该协议还缺乏相应的同步机制。

3.3.7 仅发射的 MAC

对 WBAN 应用来说,上述讨论的多种 MAC 协议都具有一定程度的局限性。很多 MAC 协议并未考虑到具体硬件实现时的种种限制。尽管 IR-UWB 发射功率很低,但其接收端需要实现低功率的脉冲检测,这就需要复杂的硬件设计和高功耗。例如,CMOS IR-UWB 发射端的功耗仅为 2 mW,而接收端的功耗高达 32 mW。在传感器节点中增加一个 IR-UWB 接收端将会增加硬件复杂度和功耗。仅发射的 MAC 协议使得在传感器节点终端可以采用仅发射的硬件设计。WBAN 中仅发射的 MAC 协议的帧结构如图 3.10 所示。

图 3.10　WBAN 中仅发射的 MAC 协议的帧结构

当一个传感器节点第一次链接到网络中时,需要采用同步帧结构来辅助该节点在网关节点处进行自同步。随后紧跟着一个保护间隔,用来让接收端做好准备,接收物理头结构中的数据信息。物理头结构中包括调配率、符号率和下次传输窗口的时间位置信息。与网关节点建立了通信初始化之后,就可以采用数据帧结构进行后续的数据传输。数据帧结构中,有一个短的前导码,帮助接收端获得精确的同步信息,随后是保护间隔和数据体。

该协议的缺陷主要有:

(1)当网络流量增大的时候,由于脉冲异步传输造成的冲突增多,将会影响整个网络的传输容量。

(2)没有反馈通道用来根据信道状况对发射功率进行动态调节。

(3)网络的重规划无法自动完成,需要人工干预。

3.3.8　WBAN 系统中 MAC 协议对比分析

用于 WBAN 通信中时,上述 MAC 协议在不同的领域具有各自的优势。表 3.3 所示为上述 MAC 协议在传输性能方面的对比。

表 3.3　典型 MAC 协议的对比一览表

项目＼协议	IEEE 802.15.6	IEEE 802.15.4a	PSMA-MAC	ER-MAC	UWB[2]	U-MAC	DCC-MAC	多波段 MAC	脉冲串	仅发射 MAC	UWB 发射和 NB 接收 MAC
能量效率	劣	劣	劣	劣	优	优	劣	劣	劣	优	优
QoS	优	劣	劣	劣	劣	优	劣	劣	优	劣	劣
优先传输	优	优	优	劣	劣	劣	劣	劣	优	劣	劣
可扩展性	优	劣	劣	劣	优	优	劣	劣	劣	劣	劣
延迟	劣	劣	劣	劣	优	劣	劣	劣	优	优	劣
互扰抑制	劣	劣	优	优	优	劣	优	优	劣	劣	优
信道访问	随机 ALOHA	随机 ALOHA	随机 PSMA	跳时码	跳时码	跳时码	跳时码	频分	时分	随机-速率分割	随机+TDMA

下面逐一对协议的性能参数加以分析:

(1)能量效率:影响 MAC 协议能量效率的主要因素包括协议自身的开销,空闲监听、碰撞、过发射和冗余侦听。

(2)QoS:服务质量对 WBAN 系统来说至关重要。如果 QoS 较差,数据可靠性降低,将会导致致命的错误诊断。

（3）优先传输：在 WBAN 系统中，MAC 协议需要支持命令传输，即能够提供一种以最低时延可靠地将关键数据优先传输出去的方法。

（4）可扩展性：WBAN 应用中所要传输的数据从千字节到几十兆字节不等，传感器节点从 1 个到几十个不等。可扩展性是 WBAN MAC 框架中必须要考虑的一个重要因素。

（5）延迟：WBAN 中包括限时有效的关键人体生命信号，延迟也是需要考虑的关键因素。

（6）干扰抑制：WBAN 应用中，节点是移动的，因此传输信道通常是变化着的。在 WBAN 用户聚集的区域，传输信道严重劣化。MAC 协议框架应该对多网络互扰具有健壮性。

（7）信道访问：WBAN 包括植入式和体表节点。当选择信道访问协议框架时，节点的类型和物理层特征需要认真考虑以确保系统的可靠性。

3.4　WBAN 通信场景下的 MAC 协议的设计和模拟

在 WBAN 通信系统中，MAC 协议起到核心关键的作用，它决定了影响 WBAN 通信系统性能的关键参数，如吞吐能力、功耗和延迟。UWB 技术是 WBAN 应用中一个合适的无线通信技术方案，可以实现较高的数据传输速率、低功耗和小的波形因数。UWB 发射端的技术相对简单，接收端则需要复杂的硬件实现，消耗更多的能量。为获得可靠的低功耗双程通信，可以采用一个 UWB 发射端和一个窄带接收端组成一个传感器节点。本节给出了在物理层采用双波段技术的 MAC 协议的设计和模拟，建立了基于 Matlab 和 Opnet 的联合模拟模型来分析 MAC 协议的性能。对真实场景中的植入式和可穿戴传感器节点进行了建模，分析了 MAC 协议在真实传感环境中的性能。采用了基于优先级的分组传输技术实现对不同 QoS 需求的传感器的服务请求。对关键的网络参数进行了分析，如包丢失率、包延迟、吞吐量百分百、功耗等。

3.4.1　UWB-WBAN 系统实现方式

冲激脉冲超宽带（IR-UWB）是适用于 WBAN 系统的技术，具有低功耗、低硬件复杂度、传感器节点的低波形因数和高数据传输速率容量的特点。与发射端相比，IR-UWB 接收端的设计相对复杂，功耗更大。这对 IR-UWB 应用于低功耗 WBAN 设备造成了一定的难度。图 3.11 所示为适用于 WBAN 系统的 3 种通信技术。

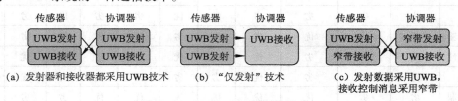

图 3.11　UWB-WBAN 通信技术

图 3.11（a）所示为一个标准的 UWB 系统，在一个传感器节点上需要一个 UWB 发射器和接收器。图 3.11（b）采用"仅发射"技术，传感器节点无需接收器。各单一传感器周期发送数据，无需其他传感器和信道状态的先验信息。在 WBAN 传感器节点采用 UWB 接收器，功耗较高。这种模式下，网络的可扩展性较差，多用户环境下的网络传输性能降低，对个别的传感器节点需要采用单独的接收器。

一种应用于 UWB-WBAN 网络的有效技术是在传感节点端采用窄带接收链路，而不是采用

UWB 接收器,如图 3.11(c)所示。采用了窄带反馈系统,有望通过跨层设计实现动态能耗的降低。典型 UWB 接收器的电流值约为 16 mA,而窄带接收器的工作电流可以低至3.1 mA,这种基于窄带链路的实现方式有望显著降低功耗。采用反馈链路的设计,还可以降低传感器节点端的计算复杂度。在"仅发射"系统中,接收器的位置是固定的,不允许重新配置来切换信道状态。当采用窄带接收器时,网关节点可以采用窄带反馈来重新配置网络,在没有人工干预的情况下适应变化的信道状态。反馈通道通常是用于传递确认信息和控制信息的,因此无需高数据传输速率。一个简单的窄带接收器无需耗费很多的设计空间,仅在需要的时候才消耗很少的功率(如在周期性数据传输中的休眠模式切换)。

与"仅发射"相比,采用窄带反馈设计的 UWB WBAN 系统提高了网络的传输性能,降低了数据碰撞和冲突。这种模式还实现了额外的能量节省,有助于传感器节点功耗的优化设计。当发射和接收都采用 UWB 时,需要多设计一个回转时间来切换发射状态和接收状态,因为发射和接收无法同时工作。在窄带接收器的情况下,是可以收发同时进行的,从而降低了包延迟。此外,相互独立的上/下行数据流使得 MAC 的设计简单得多。

本节提出的一种独特设计的 MAC 协议,其目的是改善 WBAN 的性能。UWB 发射通道实现高数据传输速率,窄带反馈通道用来降低系统的复杂度。该协议中,考虑了数据优先级的问题,设计了保证传输机制来优先传输高优先级的数据。模拟了几种网络拓扑结构,分析网络的吞吐量,功耗和时延等参数。

3.4.2 仿真模型

本节采用 MATLAB 和 Opnet Modeler 联合仿真方法,物理层仿真在 MATLAB 中进行,通过 MX interface 与 Opent Modeler 链接。Opent Modeler 通过互动协同仿真进行网络性能的分析,调用 Matlab 对物理层性能进行分析。Opent Modeler 作为主仿真器,调用 Matlab 服务执行 UWB 发射器和脉冲接收模块的仿真。接收端的输出比特流再生成接收数据包。

1. IR-UWB 脉冲产生

脉冲产生方式如图 3.12 所示。中心频率为 4 GHz,带宽为 1 GHz 的 IR-UWB 信号作为输入,其 PRF、脉宽和上升时间对其频谱形状有影响。本节仿真中,取 PRF = 100 MHz,脉宽为2 ns,上升时间为 100 ps。

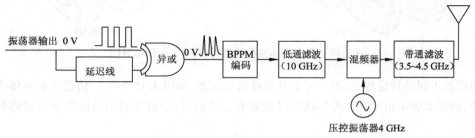

图 3.12 IR-UWB 脉冲产生方式

图 3.13 所示为模拟脉冲产生器生成的 IR-UWR 脉冲序列。

2. 传输信道模型

图 3.14 所示为多个人体监控环境的 WBAN 拓扑示意图,包括了植入式和可穿戴传感器节点、协调节点和路由器节点位于体外。

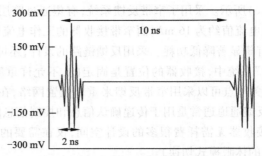

图 3.13 模拟脉冲产生器生成的 IR-UWB 脉冲序列

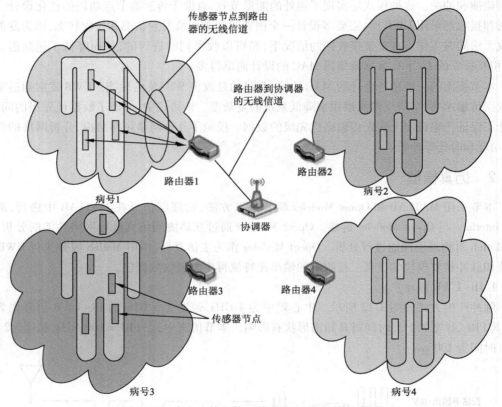

图 3.14 多个人体监控环境的 WBAN 拓扑示意图

为模拟不同的传输场景,设计了 3 种传播信道模型,如图 3.15 所示。信道 1 表示体内信号的传播,信道 2 表示信号在体外传播至路由器节点的信道,信道 3 表示路由器节点到协调节点的信道。

考虑两个植入深度分别为 5 mm 和 80 mm 的植入式传感器,传输信道 1 中的信道传输衰减可以表示为

$$P_{dB}(d) = P_{0,dB} + a\left(\frac{d}{d_0}\right)^n + N(\mu(d), \sigma^2(d))$$

式中, d 表示植入深度,单位为 mm; $d_0 = 5$ mm 表示参考距离; $P_{0,dB}$ 表示参考距离处的路径衰减,单位为 dB; a 表示拟合常数; n 表示路径衰减指数; $N(\mu(d), \sigma^2(d))$ 表示正态分布随

机变量，均值为 μ，标准差为 σ。参数设置如表 3.4 所示。

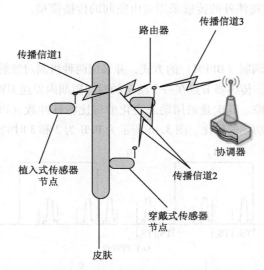

图 3.15　仿真场景中的传输信道

表 3.4　体内传输信道的仿真参数

参　　数	值
$P_{0,\text{dB}}$	6.3 dB
a	11.6
n	0.5
d	5 mm/80 mm
μ	$d=5$ mm：2.7，$d=80$ mm：8.2
σ	$d=5$ mm：5，$d=80$ mm：6.6

图 3.15 中信道 2 和信道 3 的室内传输模型采用修正的 Saleh–Valenzuela 模型，室内平均传输距离设置为 2 m，离散脉冲响应为

$$h_i(t) = X_i \sum_{p=0}^{K} \sum_{q=0}^{L} a_{p,q}^i \delta(t - T_p^i - \tau_{p,q}^i)$$

式中，X_i 表示对数正态阴影；$a_{p,q}^i$ 表示多径增益系数；T_p^i 表示第 p 个 IR–UWB 脉冲的延迟；$\tau_{p,q}^i$ 表示与第 p 个脉冲到达时间相关的第 q 个多径时延；i 表示信道的第 i 次实现；t 表示时间变量。

该模型中，IR–UWB 信号在距离为 d 时的平均路径损耗 L 可以表示为

$$L_1 = 20\log\left(\frac{4\pi f_c}{c}\right),\ L_2 = 20\log(d),\ L = L_1 + L_2$$

式中，$f_c = \sqrt{f_{\min} \times f_{\max}}$ 表示波形的几何中心频率，$f_{\min}$ 和 $f_{\max}$ 代表波形频谱的 -10 dB 频点；c 表示光速，L_1 表示 1 m 处的路径损耗；d 表示与 1 m 参考点相对应的距离。当采用该模型对植入式节点直接与路由节点或协调器节点的通信进行模拟仿真时，体内传输模型中的距离用植入式节点到皮肤的距离，室内模型的距离用皮肤到外部节点（路由节点或协调器节点）的距离。

窄带通信中，采用 433 MHz 的 ASK 方案，电平值为 −25 dBm。室内空间的传播衰减采用 Ricean 衰落信道，电磁波在体外的传播采用自由空间的传播模型。

3.4.3 跨层设计

采用二进制脉冲位置调制（BPPM）的方式，并采用两种机制对发射功率进行有效管理。首先是采用门脉冲发射方案，传感器节点在一个给定的时间周期内发送 UWB 数据，然后进入低功耗模式直到下一次发射时隙。其次是采用动态变化的每比特脉冲数（PPB）方案，通过控制每比特的传输时间进行发射功耗的优化。图 3.16 所示为 PPB 为 2 和 3 时的 101 比特流的脉冲序列。

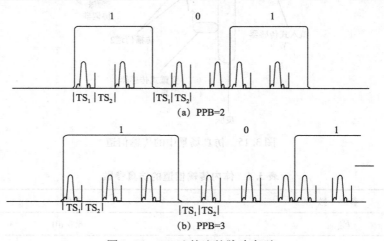

图 3.16 101 比特流的脉冲序列

1. 门控 UWB 脉冲发射的功率调节

根据美国 FCC 规定，UWB 信号功率限定在测量全带宽（FBW）内峰值功率 0 dBm（1 mW），测量平均功率密度上限为 −41.25 dBm/MHz（75nW/MHz）。上述功率测量中，分辨力为 1 MHz 带宽，积分时间为 1 ms。

UWB 信号的峰值发射上限取决于分辨力带宽，其约束关系为

$$P_{peak} = 20 \log\left(\frac{B_R}{50}\right) \text{ dBm}$$

式中，P_{peak} 表示峰值功率上限；B_R 表示谱分析的分辨力带宽。根据 FCC 建议，数据包以远低于 1 ms 的时间发射。类似于门控系统，传感器节点在很窄的时隙中发送数据，在下一个发送时隙到来之前关闭。设 P_{peak}^m 和 P_{avg}^m 分别表示测量的峰值功率和平均功率，以更高 PRF 发射的最大可允许 UWB 发射功率可表示为

$$P_{peak} = \frac{P_{peak}^m}{\tau R} = \frac{P_{avg}^m}{\tau R}$$

式中，P_{peak} 表示 UWB 信号实际的最大发射功率；τ 表示 UWB 信号时宽；R 表示脉冲重复频率。上式适用于连续发射系统的分析，并不适用于门控 UWB 系统。2005 年，FCC 修正了部分指标，对门控 UWB 系统给出了更高的发射功率上限。设 δ 表示积分时间为 1 ms 时数据包发射的占空比，门控 UWB 系统的最大可允许发射功率可表示为

$$P_{peak} = \frac{P_{avg}^m}{\tau R \delta}$$

本节中 UWB-WBAN 传感器节点网的 PRF 设置为 100 MHz，与分辨力带宽为 1 MHz 相比较高，是一个高 PRF 系统。测量功率上限可以通过下式转换为最大可允许 FBW 发射功率限制。

$$P_{\text{peak}} \leqslant 7.5 \times 10^{-8} \left(\frac{B_p}{R} \right)^2 \times \frac{1}{\delta} \text{W}$$

$$P_{\text{peak}} \leqslant 0.001 \left(\frac{B_R}{50 \times 10^6} \right)^2 \times \left(\frac{B_p}{R} \right)^2 \text{W}$$

式中，$B_p = 1/\tau$。最大可允许 FBW 发射功率由上式中较小的 P_{peak} 决定。

本次仿真中，时宽为 2 ns，上式中的 $B_p = 0.5$ GHz。图 3.17 所示为全带宽峰值功率随占空比的变化曲线。从图中可见，UWB 数据的发射时隙应该限制在 187.5 μs，这样可以在 FCC 限制下达到最大的可允许发射功率。

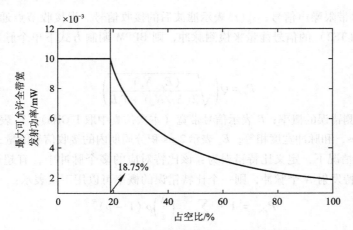

图 3.17　全带宽峰值功率随占空比的变化曲线

2. 多 PPB 方案的 BER 分析

发射一个数据位所需的能量和代表该数据位的脉冲串的能量之和相同，那么根据接收端所需的二进制误码率（BER），可以通过动态调节 PPB 的数目实现可观的能量节省。仿真中采用能量检测接收器如图 3.18 所示。

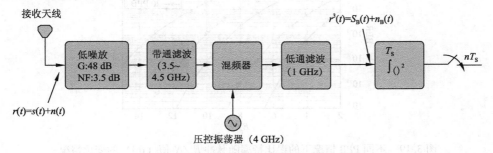

图 3.18　仿真中采用的能量检测接收器

接收器的积分时间 $T_s = 2$ ns，与 UWB 脉宽相同。较小的积分时间有助于降低多径干扰。

WBAN 传输环境中的误比特主要是由 UWB 信号的多径干扰和随机衰落造成的。UWB 信号在不同的体表和室内环境中传播时，受到各种散射和吸收效应的影响。在父节点的 UWB 接收器处接收到的带通滤波器的输入信号可以表示为

$$r(t) = \begin{cases} n(t) & \text{该时隙中没有脉冲} \\ s(t) + n(t) & \text{该时隙中有脉冲} \end{cases}$$

式中，$r(t)$ 表示输入至带通滤波器的信号；$s(t)$ 表示接收到的 UWB 信号；$n(t)$ 表示零均值加性高斯白噪声（AWGN），功率谱密度为 $N_o/2$。带通滤波器的中心频率为 4 GHz，带宽为 1 GHz。信号经过带通滤波后经过混频器进行下变频，然后通过1 GHz带宽的低通滤波器再进入积分器。进入积分器之前的接收信号可以表示为

$$r'(t) = \begin{cases} n_B(t) & \text{该时隙中没有脉冲} \\ s_B(t) + n_B(t) & \text{该时隙中有脉冲} \end{cases}$$

式中，$n_B(t)$ 表示带限噪声信号；$s_B(t)$ 表示滤波后的接收信号。设接收节点通过比较两个 BP-PM 时隙（TS1 和 TS2）的信号能量来检测脉冲，则 BPPM 调制方式下单个脉冲检测的错误概率可以表示为

$$P_e = Q\left(\sqrt{\frac{(E_p/N_o)^2}{2(E_p/N_o) + T_s B}} \right)$$

式中，P_e 表示检测错误的概率；B 表示信号带宽（本次仿真中取 1 GHz）；T_s 表示积分周期，本次仿真中取为 2 ns，和脉冲宽度相等；E_p 表示 2 ns 积分周期内的接收信号能量；Q 表示 Q 函数。

在多 PPB 的情况下，定义比特错误为：该比特对应的多个脉冲中，有超过一半的脉冲都出错。设每个比特发射 N 个脉冲，则一个比特错误的概率可以用下式表示：

$$P_{ebit} = 1 - \sum_{i=1}^{\left[\frac{N}{2}\right]} \binom{N}{i} p^i (1-p)^{N-i}$$

式中，$p = P_e$；$\binom{N}{i} = \dfrac{N!}{i!\,(N-i)!}$，$[y]$ 表示 y 的整数部分（舍弃小数点后的值）。不同 PPB 情况下的调制曲线如图 3.19 所示。

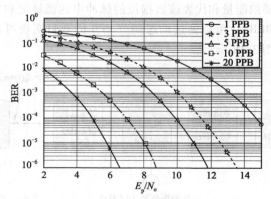

图 3.19　不同 PPB 情况下的误比特率随脉冲 E_p/N_o 值（dB）的变化情况

比特能量可以通过该比特对应的脉冲序列的能量和得到。从图 3.19 可见，在相同的 E_p/N_o 情况下，每个比特发送的脉冲数越多，则 BER 越低。当考虑到多址干扰和多径干扰时，错误概率可以进一步改进为

$$P_e = Q\left(\sqrt{\frac{(E_p/N_o)^2}{2\left((E_p/N_o + T_sB)\right) + M}}\right)$$

3. 超帧结构

在 UWB WBAN MAC 协议中，采用信标使能的超帧结构。超帧结构取决于 3 个主要因素：数据传输速率和传感器节点的优先请求，占空比需求（取决于最大的功率限制），网络中的活跃节点数目。

常规监控的生理数据参数如表 3.5 所示。一个 WBAN 包括两种类型的传感器，数据传输速率的要求各不相同。WCE、ECG 和 EEG 是连续发送传感器，需要高速率和传输的高保证。这些信号归类为关键参数，MAC 协议需要优先传递这类数据。测心率和血压的传感器是周期传感器，不需要高的数据传输速率。

表 3.5　人体生理监测信号参数一览表

医学参数	发送周期	采样率（每秒的采样数）	每采样的比特数	数据传输速率
WCE	连续			5 Mbit/s
ECG	连续	300	12	3.6 kbit/s
EEG	连续	200	12	2.4 kbit/s
心跳	每 1 秒			100 bit/s
氧饱和度	每 1 秒			100 bit/s
血压	每 1 分钟			12 bit/s
体温	每 1 分钟			12 bit/s

超帧结构分为竞争接入周期（CAP）和免竞争期（CFP）。CFP 提供确保的时隙（GTS）为传感器节点传输数据。连续传感器节点的数据就可以在 GTS 中进行分配，提高了网络的可靠性。周期传感器节点在 CAP 间进行竞争发射。

传感器节点的数据传输速率取各类型传感器的最高数据传输速率。一个连续传感器节点的数据传输速率设置为 5 Mbit/s，周期传感器节点每秒产生 100 比特的数据。包括信标部分的超帧结构的总时长为 1 ms，每种传感器类型的发送时隙取决于所需的数据传输速率、峰值功率限制和所允许的 PPB 值的区间。所有传感器节点的占空比等于或小于门限值 18.75%。典型的超帧结构如图 3.20 所示。

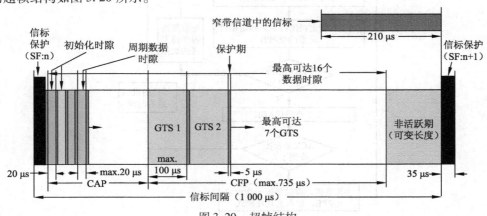

图 3.20　超帧结构

4. MAC 算法

需要两种寻址级别进行 WBAN 传感器节点的标识，一种级别确定被观测的个体，另一种级别确定该个体上的不同传感器。仿真模型中，采用 9 比特的地址空间，至少 6 比特用来对传感器进行标识，最多 3 比特用来标识个体。超帧结构最多支持 7 个 GTS，在传感器节点的请求下，协调器动态分配 GTS。在超帧结构中的初始两个时隙中，所有的传感器节点采用随机访问的形式进行初始化。在 CAP 时隙中，周期传感器节点采用随机访问的形式发送数据。图 3.21 所示为传感器的初始化过程和各类传感器的数据传输过程。

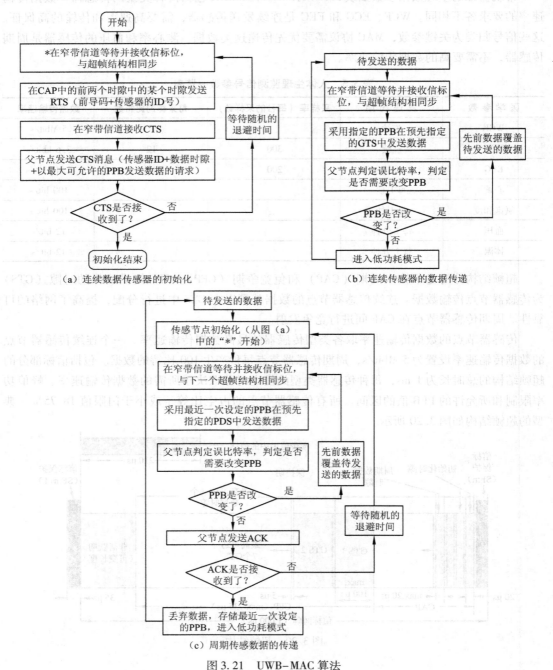

（a）连续数据传感器的初始化　　　　（b）连续传感器的数据传递

（c）周期传感数据的传递

图 3.21　UWB-MAC 算法

3.4.4 仿真场景和性能参数

本节阐述仿真采用的干扰模型和性能参数计算。

1. 网络拓扑和干扰模型

采用两种网络拓扑结构进行模拟仿真，如图 3.22 所示。第一种结构中，路由器作为传感器节点和协调器之间的中间节点。路由器使用 UWB 接收器采集传感器节点的数据，再使用 UWB 发射器将数据传递至协调器。路由器利用 433 MHz 频率的信号，从协调器接收控制信号，发送控制消息到路由-传感节点。第二种结构中，传感器节点直接与协调器通信。

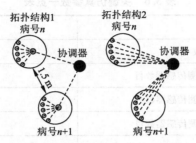

图 3.22 仿真中采用的不同网络拓扑

子网间的干扰可以采用两种方法最小化：第一种方法，传感器节点的发射功率设置为一个较低的值，子网间的功率泄漏就降低了；第二种方法，为每个节点设置一个唯一的地址。在第一种拓扑结构中，路由器节点采用超帧结构从传感器节点采集数据。传感器节点的数目越少，超帧结构中的非活跃周期就越大。非活跃周期可以被路由器节点用来映射传感器节点的地址，这种情况下，数据包的确认时延值可以大幅降低。

2. 发射功率调节

如前所述，最大可允许的室内发射功率取决于占空比和脉冲重复频率（PRF）。模拟仿真中，植入式传感器节点的功率值取为比规定限制稍高的值，这样经过体内传播后的电磁信号的功率正好在可允许的室内功率上限之内。在第二种拓扑结构中的连续 WCE 传感器节点，埋深 80 mm，节点发送 2 PPB 的信号，最大可允许室内发射功率为 0.01 mW。WBAN 信号的最大体内衰减为 67.5 dB，所以这种类型的传感器发射功率可以选择比 0.01 mW 高 67.5 dB。第一种拓扑结构中，传感器节点的发射功率降低了 12 dB，以在平均距离为 0.5 m 的情况下接收到相同的功率。这样可以最大限度减少子网间的功率泄漏。

3. 性能参数

本次仿真中采用如下计算公式：

$$PL = \frac{L}{S}$$

$$D = T_1 - T_2$$

$$归化吞吐率（\%）= \frac{R(\text{bit/s})}{C(\text{bit/s})} \times 100\%$$

$$E\left(\frac{J}{bit}\right) = \left(\frac{\sum_{i=0}^{K}(I(A) \times V(V) \times T_{tx-rx}(S))}{\sum_{i=0}^{K}B}\right)$$

式中，$R(\mathrm{bit/s})$ 表示总的数据比特率；$C(\mathrm{bit/s})$ 表示总的网络容量；PL 表示包丢失率；L 表示丢失包的数目；S 表示发送包的数目；E 表示一个传感器节点在每个数据比特发送时消耗的能量；I 表示传感器节点的消耗电流 A；V 表示电池电压；T_{tx-rx}（S）表示传感器节点上每个数据包的发送时间和确认/控制包接收时间之和；B 表示包含上述数据包的数据比特数；K 表示发送的数据包的总数目；D 表示包确认的延迟；T_1 表示包被确认的确切时间；T_2 表示包进入发送序列的时间。总网络容量（C）表示在给定的一刻各传感器发送数据的理论最大吞吐量。例如，4 个连续传感器节点同时发送数据，总网络容量 C 取为 20 Mbit/s。电池电压取为 3 V，其他模拟仿真参数如表 3.6 所示。

表 3.6　关键仿真参数一览表

参　　数	取　　值
总的病号人数	7
每个病号的植入式连续监测传感器数目	1
每个病号的植入式周期监测传感器数目	1
每个病号的穿戴式周期监测传感器数目	3
UWB 频段	3.5 ~ 4.5 GHz
窄带频段	433.05 ~ 434.79 MHz

仿真中采用的电流/功率消耗值如表 3.7 所示。

表 3.7　仿真中采用的电流/功率消耗值

参　　数	电流/功率消耗
UWB 发射	2 mW
UWB 接收	16 mA
窄带接收	3.1 mA
休眠模式	0.2 mW

3.4.5　仿真结果

采用上述的仿真参数和仿真方法，每个场景进行 5 次仿真计算，对观测参数取平均值。从得到的数据来看，观测参数在平均值的 ±4% 范围内变化。

1. 包丢失率

WBAN 传输的生理数据，对于病人的健康状况监控是至关重要的。对一个可靠的 WBAN 系统来说，需要将数据丢失率保持在最低水平。数据丢失的原因很多，如信道状况变差，数据碰撞冲突等。当网络分割为若干个子网后，相对来说，同一传输介质中较少的传感器节点进行信道竞争，从而降低了数据碰撞冲突的发射概率。图 3.23 所示为两种拓扑结构下包丢失率与病人数目间的变化关系。

采用路由器节点作为中间节点时，包丢失率要低于拓扑结构 2 中的传感器节点和协调器节点直接通信的方式。拓扑结构 1 中，路由器节点生成了一个子网，其控制方式是分布式的，因此包丢失率要更低。

2. 平均包确认时延

在真实的医院应用场景中，希望病人的生理数据信息能够尽快传递至他的生命支持系统。因此，需要 WBAN 系统有尽可能小的传输时延。本节讨论的 WBAN 系统中，仅有周期发送的数据包需要进行接收确认。连续发送的传感器节点有确保的传输时隙，可以实现可靠的数据包传输，无须进行接收确认。仅在降低 BER 情况下，连续数据的 BER 才被协调器实时监控并反馈至传感器节点。这种处理方法有助于将连续传感器节点的包延迟维持在低水平。

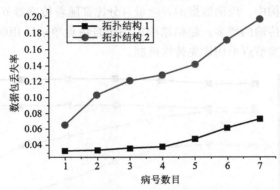

图 3.23 每种拓扑结构中平均包丢失率随病人数目的变化情况

图 3.24 给出了拓扑结构 1 和拓扑结构 2 中的包延迟时间随病人人数的变化情况。当总的周期传感器节点超过 20（5 个病人的总节点）时，拓扑结构 1 中的周期传感器节点的包确认延迟就低于拓扑结构 2 中的延迟。

当引入窄带反馈接收器后，有望在传感器节点同时进行发射和接收。那么 UWB 发射和接收器中的由发射状态到接收状态的转换时间就可以彻底消除。从图 3.24 也可以看出，采用窄带反馈接收器的包延迟总是低于采用 UWB 发射/接收器的包延迟。

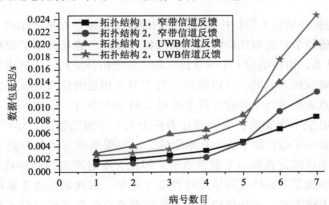

图 3.24 每种拓扑结构中平均包时延随病人数目的变化情况

3. 吞吐量百分比

WBAN 系统需要具备适应在医院环境下的载荷变化的能力。虽然说人体生理信号基本上都具有周期性，但不排除一个病人携带的传感器节点在某个时刻同时打开造成的瞬间载荷增大的情况。这种瞬间增大的载荷不应该妨碍到网络从传感器节点传输数据的能力。如前所述，关键生理数据具有优先传输的机制，那么在数据发送周期内，连续数据的吞吐量应该保持在一个较高的水平。诸如体温和心率的周期信号相对而言不是那么紧急。因此，对 WBAN 系统来说，将更多百分比的网络容量分配给连续传感器节点，同时动态调节周期数据传感器节点的网络容量是一种合理的安排。

图 3.25 所示为拓扑结构 1 和拓扑结构 2 的吞吐量对比图。在拓扑结构 1 中，路由器节点仅对其子节点提供信道资源。在拓扑结构 2 中，来自协调器节点的网络资源被所有的传感器节点共享。两种拓扑结构中，周期数据的吞吐量百分比都随着传感器节点数目的增多而降低。这是由于随着自由竞争传输的增多，超帧结构中用于自由竞争的可用时隙降低。在自由竞争时段，连续数据的传感器节点采用优先传输机制。

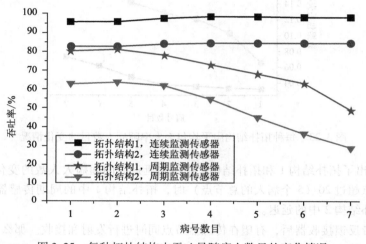

图 3.25 每种拓扑结构中吞吐量随病人数目的变化情况

4. 功耗

图 3.26 所示为拓扑结构 1 和拓扑结构 2 中的能耗对比图。在拓扑结构 2 中，没有采用中间路由器配置，传感器节点的每比特消耗能量值相对较高。能耗包括了数据重新发送所需的能耗。从图 3.26 可见，拓扑结构 1 中的重传次数要低于拓扑结构 2 中的重传次数。路由器节点并不需要是可穿戴或植入式的，可以是位于其子节点相近的位置。在健康监护中，可穿戴和植入式传感器节点需要进行功耗设计以实现最大的功率节省。比如，对一个可穿戴的 ECG 传感器进行频繁充电是不现实的，应该设计为在无人工干预的情况下尽可能长时间地工作。在拓扑结构 1 中，采用了路由器节点。在给定的二进制误码率（仿真中是 10^{-4}）情况下，传感器节点的发射功率可以设置在一个最低水平。因此，发射所需的脉冲数目要比拓扑结构 2 中的脉冲数少。近距场景下的接收器信道特性基本不变，因此动态改变脉冲数目的需求就不是那么强烈。基于上述因素，拓扑结构 1 中的传感器节点的总功耗要低于拓扑结构 2 中的总功耗。该次仿真中，还对比分析了窄带接收器和 UWB 接收器的功耗。显然，窄带接收器的功耗要显著低于 UWB 接收器。图中的仿真，仅考虑了发射器和接收器的功耗，并未考虑外围电路的功耗。任一通信场景下，外围电路的影响程度都是相同的。

5. 与现有 MAC 协议的对比

表 3.8 给出了本节论述的 MAC 协议和现有 MAC 协议的对比分析。UWB MAC 协议具有实

时改变每比特脉冲数目的能力，因此对高优先级的传感器节点来说，它可以在保持网络利用率最高水平的情况下适应可变的数据传输速率需求。本节给出的 MAC 协议例程也给出了高优先级数据的保证传输机制。这个 MAC 算法将 IR-UWB 物理层的特征进行了综合考虑，如每比特脉冲数、突发传输周期等，实现了高达 5 Mbit/s 的可扩展数据传输速率。总的数据延迟在 8~12 ms 范围内，采用 UWB 发射和窄带接收的传感器节点功耗在 2~4 nJ/bit。该功耗值并没有考虑如微控制器、ADC 和收发端放大器等外围电路的功耗。

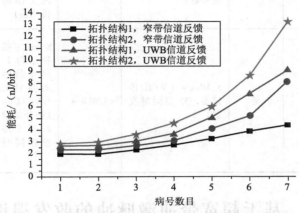

图 3.26　每种拓扑结构中能耗随病人数目的变化情况

表 3.8　MAC 协议的对比分析一览表

物理/MAC 层	是否有自适应数据传输速率	是否有优先驱动的数据流	有报道的单传感器节点的最大数据吞吐量	有报道的最大空中接口数据传输速率	有报道的最大数据包延迟	最 小 功 耗
UWB/IEEE 802.15.4a	—	—	3.35 Mbit/s（32 路信号同时发射）	8 Mbit/s		
4 GHz IR-UWB/PSMA，时隙，Aloha		是	3 kbit/s（ECG 传感器采用时隙 Aloha，50 路信号同时发射）	850 kbit/s	—	0.07 μJ/bit（5 个 ECG 传感器，发射功率 20 mW，接收功率 116 mW）
ISM/IEEE 802.15.6	—		700 kbit/s（没有数据同时发射的情况下，一个 250 字节的数据在 2.4 GHz 频带传输）		30.78 ms（没有数据同时发射的情况下，一个 250 字节的数据在 420~450 MHz 频带传输）	
ISM/Raccoon	—	是	4 kbit/s（6 个传感器，10 个 WBAN，每个 WBAN 同时发射）	48 kbit/s	1.5 s（6 个传感器，10 个 WBAN，每个 WBAN 同时发射）	2.5 mW/bit（6 个传感器，1 个 WBAN，发射功率 31.2 mW，接收功率 27.3 mW）

物理/MAC 层	是否有自适应数据传输速率	是否有优先驱动的数据流	有报道的单传感器节点的最大数据吞吐量	有报道的最大空中接口数据传输速率	有报道的最大数据包延迟	最小功耗
IR – UWB/IEEE 802.15.4a	—	—	10 kbit/s（5 路同时发射）	1 Mbit/s	3.1 ms（25 个同时工作的传感器）	—
双波段 WBAN（本节所述） 4 GHz IR – UWB/随机访问	是	是	5 Mbit/s（WCE 传感器，35 路同时发射）	5 Mbit/s	8 ms（拓扑结构 1，35 个传感器同时工作）；12 ms（拓扑结构 2，35 个传感器同时工作）	2 nJ/bit（5 个传感器，发射功率 2 mW，接收功率 3 V@3.1 mA）

3.5 基于超宽带冲激脉冲的收发端设计

IR–UWB 收发模块是 UWB 传感器节点的关键模块。与窄带发射模块相比，IR–UWB 发射模块的设计较为简单，功耗也低。其关键器件是 UWB 脉冲产生器，常用的实现方式有基带脉冲、上变频脉冲和波形合成等方式。和发射模块相比，IR–UWB 接收模块的设计相对复杂，功耗也高。通常分为非相关接收和相关接收两大类。

3.5.1 UWB 发射机设计技术

1. 基带脉冲

这种实现方式下，首先在时域产生一串方波脉冲。该方波脉冲信号具有宽谱特征，但其频谱不一定符合 FCC 的频谱要求。因此，后面再加一个滤波模块，用来将时域方波脉冲串加以整形过滤，使得频谱满足 FCC 的要求，典型的信号产生流程如图 3.27 所示。

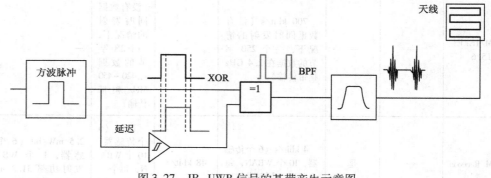

图 3.27 IR–UWB 信号的基带产生示意图

在基带信号产生中，方波脉冲和其延迟信号通过一个异或门，产生边缘组合信号。然后经过一个无源带通滤波器（BPF）或有限冲激响应滤波器（FIR）加以整形过滤。如果直接产生符合 FCC 标准的 IR–UWB 信号，则硬件实现相对复杂。该方法的硬件实现相对简单，但是在滤波阶段造成了大幅的功率损耗。经过滤波后的信号幅度谱通常低于 FCC 的谱模板，还需要增加一个功放。这也造成了 IR–UWB 发射机功耗的增加。

2. 上变频脉冲

上变频方法采用一个混频器将基带脉冲转换至所需的频率区间。矩形脉冲和三角波脉冲都可以作为基带脉冲。上变频转换时，并不需要基带脉冲有很宽的频谱。与矩形脉冲相比，三角波脉冲的幅度谱有较低的旁瓣，因此更适合作为基带脉冲。典型的上变频脉冲产生流程如图 3.28 所示。

这种实现方法具有与基带脉冲产生方法相同的优点。此外，所产生的波形的谱形状可以由基带波形确定并加以调节，无须在变频后的更高频率进行调节，也就不用一些功耗很高的 RF 组件。不过，仍然需要诸如混频器、振荡器这些高功耗器件。

3. 波形合成

有的 IR–UWB 脉冲产生器直接采用波形合成的方法，获得所需频带的 UWB 信号。图 3.29（a）给出了一种采用延迟锁相环（Delay Locked Loop，DLL）的直接波形合成方法。通过多个矩形脉冲上升/下降沿的组合，生成三角波脉冲。正三角波脉冲和负三角波脉冲各自通过功率放大器（PA），然后通过巴伦进行组合产生 IR–UWB 信号。该方法便于产生可控的 IR–UWB 信号，其代价是增加了硬件复杂度。

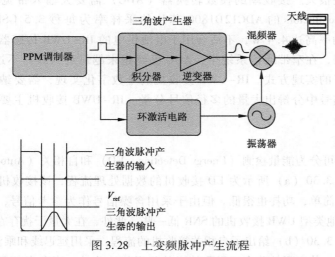

图 3.28　上变频脉冲产生流程

图 3.29（b）给出了直接采用数模转换器（DAC）的 IR–UWB 信号生成方法。该方法并未考虑波形产生的精度，另外为了产生 UWB 信号，需要极高的采样率（10 Gsps 量级）。高采样率不仅对 DAC 性能指标提出了高要求，还对输入数据流提出了高速率的输入要求，需要有高速逻辑电路的支持。一般来说，波形合成 UWB 信号产生方法需要"片上"实现。

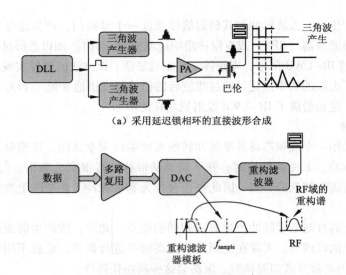

（a）采用延迟锁相环的直接波形合成

（b）采用数模转换器的IR-UWB信号生成方法

图 3.29   IR-UWB 信号的直接波形合成示意图

3.5.2   UWB 接收机设计技术

由于 IR-UWB 信号的时宽窄而且接收信号电平低，这使得 IR-UWB 接收端的硬件复杂度较高，而且功耗很大。接收端的模数转换器（ADC）需要大输入带宽和高采样率。比如，National Semiconductors 的 ADC12D1800 芯片的采样率为每秒 3.5 GSPS，输入带宽为 1.75 GHz，但其功率高达 4.4 W，不适合用于电池供电的 IR-UWB 传感器设计中。随着数字射频技术的发展，在窄带通信系统中，ADC 已经越来越靠近天线。不过这在 UWB 系统中不见得是一个好的实现方式。IR-UWB 接收机的全数字化实现，需要纳秒级的时钟精确同步，并从接收信号中分辨出大量的多径信号分量。IR-UWB 接收机主要包括非相关接收和相关接收两大类。

1. 非相关接收

非相关接收又可分为能量检测（Energy Detection，ED）和自相关（Autocorrelation，ACR）两种实现方式。图 3.30（a）所示为 ED 接收机的数据处理流程，该接收机无须进行信道估计，硬件实现相当简单，功耗也很低。但由于采用含噪信号作为参考信号，该接收机的 SNR（信噪比）要比其他类型 UWB 接收机的 SNR 低一些。此外，在大量干扰存在的情况下，接收性能严重下降。图 3.30（b）给出了自相关接收机的流程，采用延迟线和乘法电路取代 ED 接收机中的平方电路。其主要缺陷在于需要精确的延迟线。此外，当参考信号含噪时，接收性能劣化。

ED 和 ACR 接收机的误码率取决于积分时间窗的长度。在开关键控（OOK）和二进制脉冲位置调制（Binary Pulse Position Modulation，BPPM）模式下，ED 接收机的性能要优于 ACR 接收机。

2. 相关接收

相关接收机中，是将接收到的信号与一个本地参考信号相关处理，其数据处理流程图如图 3.31 所示。

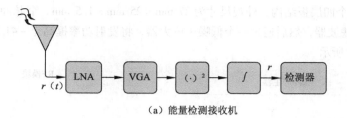

（a）能量检测接收机

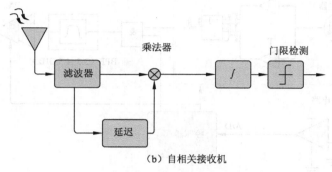

（b）自相关接收机

图 3.30　IR-UWB 非相关接收机

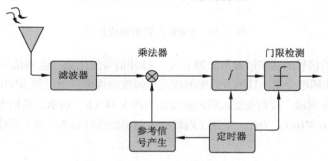

图 3.31　IR-UWB 相关接收机

通过进行信道建模和估计，使得本地参考信号与发射信号相一致，同时抑制多径分量。相关 Rake 接收机运用多径分量的能量对原始发射波形进行重构。由于 UWB 信号的高时间分辨力，就要求 Rake 接收机要有大量的 Rake 抽头，硬件实现成本增大。

3.5.3　UWB 传感节点设计

很多文献给出了 UWB 收发终端的集成电路实现方式，仅有少部分文献介绍基于分离元器件的 UWB 收发终端实现。图 3.32 所示为一个仅发射的 UWB 传感器节点外观及其发射谱。

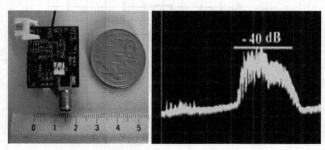

图 3.32　UWB 传感器节点及其发射谱

该电路是一个四层板结构，外观尺寸为 27 mm × 25 mm × 1.5 mm。窄脉冲通过带宽为 3.5 ~ 4.5 GHz 的带通滤波器，然后通过一个低噪声放大器，将发射功率提高至 −41.3 dBm。电路的组成框图如图 3.33 所示。

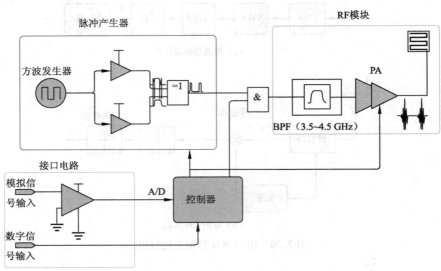

图 3.33　UWB 发射机组成框图

该发射机产生的信号的功率谱如图 3.34 所示。脉冲信号发生器产生的信号频谱如图 3.34（a）所示，包括了多个主频率分量，且随着频率的增高，幅度谱逐渐降低。该 UWB 传感器节点是设计工作在 3.5 ~ 4.5 GHz 频段，经带通滤波后的幅度谱如图 3.34（b）所示，其功率电平远低于 FCC 的限定值（−41.3 dBm/MHz）。为此，采用了两级放大器来提高其功率，放大器输出的信号幅度谱如图 3.34（c）所示。

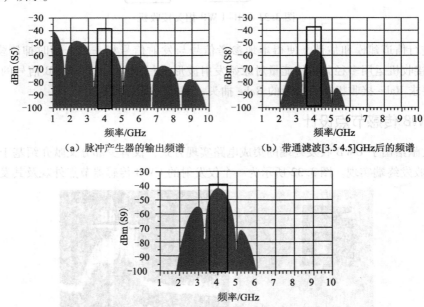

（a）脉冲产生器的输出频谱　　　　　（b）带通滤波[3.5 4.5]GHz后的频谱

（c）放大器的输出频谱

图 3.34　UWB 发射机产生的信号的功率谱

3.6 基于 UWB MAC 协议的 WBAN 系统实现

在 WBAN 应用中，MAC 协议的设计实现对降低系统功耗，提高数据传输的可靠性有着至关重要的作用。在 3.3 节中，介绍了基于"信标使能 + 超帧"的数据结构，实现了双波段的传感器节点和协调器节点间的数据通信。数据包和控制指令包被封装在复帧中。对连续发射和周期间断发射的传感器节点，最大的复帧时隙分别是 100 μs 和 50 μs。在 1 ms 的复帧持续时间内，传感器节点在低于 18.75% 的占空比发送数据，保证了工作频段内峰值发射功率的全部利用。

该 MAC 协议的数据包结构如图 3.35 所示。

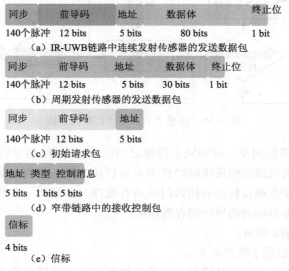

同步	前导码	地址	数据体		终止位
140个脉冲	12 bits	5 bits	80 bits		1 bit

（a）IR-UWB链路中连续发射传感器的发送数据包

同步	前导码	地址	数据体	终止位
140个脉冲	12 bits	5 bits	30 bits	1 bit

（b）周期发射传感器的发送数据包

同步	前导码	地址
140个脉冲	12 bits	5 bits

（c）初始请求包

地址	类型	控制消息
5 bits	1 bits	5 bits

（d）窄带链路中的接收控制包

信标
4 bits

（e）信标

图 3.35　IR–UWB 系统 MAC 协议中的数据结构

3.6.1 跨层 MAC 协议实现

1. 传感器节点的跨层 MAC 协议实现

通过监听窄带信道中的信标数据包，传感器节点可以实现复帧结构下的同步通信。在复帧结构头部，有两个初始化时隙，这些初始化时隙的位置对所有的传感器节点来说是已知的。传感器节点初始化时，发射一个如图 3.35（c）所示的数据包，而后延时工作，用来确定在一段时间内是否收到来自协调器节点的初始化响应信号。初始化之后，传感器节点按照预先分配的时隙发送数据，并在窄带接收机端监听 BER 校正控制消息。图 3.36 所示为传感器节点的控制指令流程图。

2. 协调器节点的跨层 MAC 协议实现

协调器节点用来对传感器节点加以管理和控制，其主要任务如下：

（1）IR–UWB 脉冲同步。IR–UWB 的脉冲检测一般是由集成在协调器节点中的 ADC 和 FPGA 芯片完成的。ADC 对基带宽带脉冲数据流进行数字化采样，FPGA 采用门限检测方法进行脉冲检测。FPGA 可以对幅度在 ［−1，1］V 范围内的脉冲以 5 mV 的精度进行检测。经过

UWB 前后终端的脉冲具有正值幅度，因此通常将初始门限设置为 10 mV。

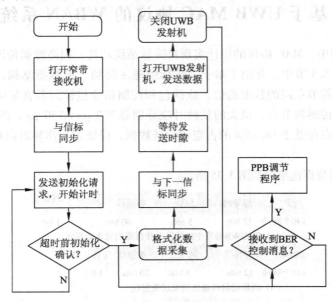

图 3.36 传感器节点工作控制流程图

（2）数据位检测和包同步。时钟同步周期之后，FPGA 等待前导码序列中的第一个"0"值出现。在时钟同步期间确定的最优时钟被用来和初始门限一起判定脉冲是否存在。前导码的有效检测保证了用于数据位检测的初始门限的有效性，也保证了在数据包接收之前的时钟同步。以下两个因素会影响到前导码的有效检测：

- UWB 信道中的高 BER。
- 初始门限电平值低于噪声电平。

接收端以如下方式区分这两种情况。如果是初始门限电平低于噪声电平，在前导码检测时段，将会收到全 1 脉冲。此时，就需要以 1 mV 的步进间隔增加初始门限并重新进行时钟同步。除此之外，则认为是由于高 BER 造成的前导码检测失效。

（3）动态 BER 检测和反馈控制。协调器节点通过前导码和发送数据包中预知的 10 位序列 1011001110 对 BER 进行检测，采用 BER 补偿技术将 BER 保持在 10^{-4} 或更低。当某一传感器节点中的前导码数据或预知编码的数据中检测到一个错误位时，数据检测程序开始对该传感器节点的数据位进行计数。如果在 10 000 次计数结束之前，检测到第二个错误位，则计数器重置，发送反馈消息并请求增大该传感器节点的 PPB（Pulses Per Bit，每比特脉冲数）值。如果到达 10 000 次计数时并没有再发现错误位，则计数器重置。图 3.37 所示为一个采用上述方法产生的数据流波形。

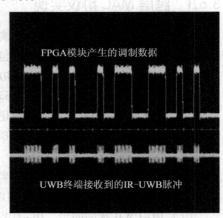

图 3.37 协调器节点上的数据检测实例

3.6.2　多传感器 EGG 和温度监测系统的实现

　　下面给出一个多传感器的心电信号和体温监控
WBAN 系统的实例，采用三个传感器节点进行心电信号传输，一个传感器节点进行体温信号
传输，心电监测的传感器节点如图 3.38 所示。

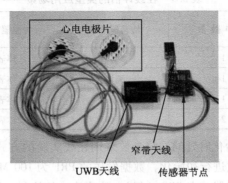

图 3.38　心电监测的传感器节点

　　心电信号传输基于保证时隙传输模式，而体温信号传输采用争用接入传输模式，体温信
号的传输间隔设置为 10 s。所有的传感器都置于体表，协调器节点置于体外，演示实验时人
体和接收天线距离约为 70 cm，传感器节点的天线指向协调器节点的天线接收方向。心电信号
在传感器节点的模拟前端进行放大和滤波处理之后进行模数转换，每个采样 10 位，采样率为
8 kHz，这样每个采样周期就有 70 位的心电数据。所采集的数据暂存在缓冲区，在下一数据
发射时隙以连续数据包的形式发射出去。温度传感器采集一个 10 位的温度数据，每隔 10 s 以
间隔数据包的形式发射出去。接收数据存储在协调器节点中并通过串口传至计算机终端，然
后采用数据处理的方法滤除心电信号的 50 Hz 干扰，采集到的心电信号如图 3.39 所示。

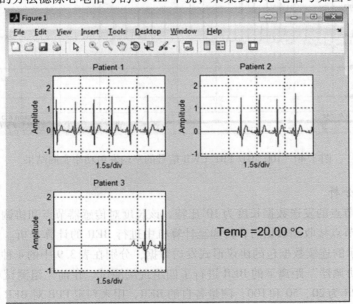

图 3.39　Matlab 程序读取的心电信号和体温信号

3.6.3 双波段 WBAN 系统的在线评估

双波段 WBAN 系统的在线评估用来对多传感器的 MAC 协议性能参数加以评测，将 WBAN 应用分为了四组场景，如表 3.9 所示。

表 3.9 在线评估的典型应用场景

项目 场景	用户数量	协调器节点	传感器节点	人体状态
场景 1	1	离体	体表	静止
场景 2	1	离体	体表	走动
场景 3	1	体表	体表	走动
场景 4	2	离体	体表	静止

诸如 BER，传感器初始化时延的网络参数采用在线实验的方式获得。在线评估采用 4 个传感器节点，采用随机方式进行初始化，数据发送的 PRF 为 100 MHz，通过改变 IC 模块产生的数据位的宽度实现对传感器节点 PPB（每 bit 脉冲数）的控制。传感器发射信号的频谱落在 FCC 限定的频谱包络以内，图 3.40 所示为本实验中传感器节点的平均发射功率谱。

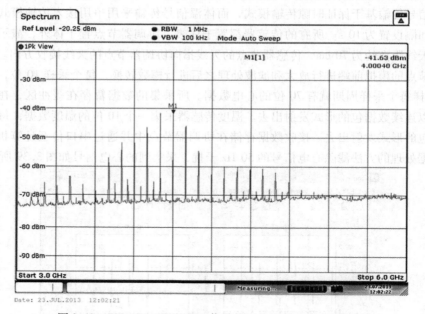

图 3.40 100 MHz PRF UWB 信号的平均发射功率实测结果

1. BER 性能分析

设置传感器节点的发送数据长度为 10^8 比特，该长度对传感器节点和协调器节点来说是已知的。当协调器节点接收到数据后，传递至计算机中进行 BER 的计算分析。传感器节点采用图 3.35（a）所示的连续数据包的协议形式发送数据，分别在表 3.9 中的 4 种应用场景下对不同的"传感器-协调器"距离下的 BER 进行了四组现场测试。在前三组测试中，分别固定各传感器节点的 PPB 为 20、50 和 100，测量各自的 BER，用来判定 PPB 对 BER 的影响。在第四组，采用了动态 BER 分配策略，并通过实测数据判定其应用效果。场景 1 情况下的 BER 实验室实测结果如图 3.41 所示。

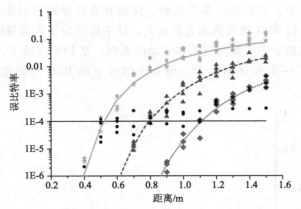

图 3.41　场景 1 下的 BER 拟合和实测数据

—— 拟合结果（20 PPB，无 BER 反馈）；　★ 实测结果（20 PPB，无 BER 反馈）；

--- 拟合结果（50 PPB，无 BER 反馈）；　▲ 实测结果（50 PPB，无 BER 反馈）；

····· 拟合结果（100 PPB，无 BER 反馈）；　◆ 实测结果（100 PPB，无 BER 反馈）；

● 实测结果（变 PPB，有 BER 反馈）

从图 3.41 可见，实测的 BER 服从对数衰减规律。在变 PPB 实验中，在小于 0.5 m 的距离范围内服从 PPB 为 20 恒定值时的曲线，在大于 1.1 m 的距离范围内服从 PPB 为 100 恒定值时的曲线。这是由于 MAC 协议中 PPB 的最小值和最大值分别为 20 和 100 造成的。而在 0.5 ~ 1.1 m 的距离范围，BER 内接近 10^{-4} 的恒定值，这表明动态 PPB 方案可以有效提高 WBAN 系统的通信能力。场景 2 情况下的 BER 实验室实测结果如图 3.42 所示。

在场景 2 的实验中，实验者围绕协调器节点以不同的距离为半径绕协调器节点转圈走动，在走动的过程中保持传感器节点的天线指向协调器节点，测试结果如图 3.42 所示。

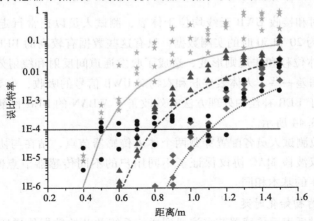

图 3.42　场景 2 下的 BER 拟合和实测数据

—— 拟合结果（20 PPB，无 BER 反馈）；　★ 实测结果（20 PPB，无 BER 反馈）；

--- 拟合结果（50 PPB，无 BER 反馈）；　▲ 实测结果（50 PPB，无 BER 反馈）；

····· 拟合结果（100 PPB，无 BER 反馈）；　◆ 实测结果（100 PPB，无 BER 反馈）；

● 实测结果（变 PPB，有 BER 反馈）

在定值 PPB 实验中，场景 2 运动状态下的 EBR 要大于场景 1 静止状态下的 EBR，这主要是由于在运动状态下，诸如信号多次反射、绕射和衰减导致信道变差。此外，在场景 2 实验中，相同距离下的 BER 测量值的方差增大，这主要是由于在测量的过程中，位于人体上半身的传感器节点的姿态、距离受人体运动的影响。变 PPB 实验下，通过采用 BER 补偿技术，BER 指标有了一定程度的改善。场景 3 情况下的 BER 实验室实测结果如图 3.43 所示。

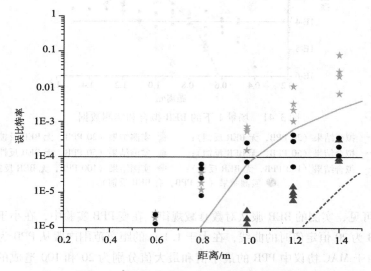

图 3.43　场景 3 下的 BER 拟合和实测数据

――― 拟合结果（20 PPB，无 BER 反馈）；　★ 实测结果（20 PPB，无 BER 反馈）；

------ 拟合结果（50 PPB，无 BER 反馈）；　▲ 实测结果（50 PPB，无 BER 反馈）；

● 实测结果（变 PPB，有 BER 反馈）

场景 3 中，发射和接收 UWB 天线均位于体表，测试人员以正常行走速度移动。图 3.43 中，仅给出了 PPB 为 20 和 50 时的实测数据，只有这些数据有较高的 BER。由于人体走动过程中产生的复杂肢体位移和非规则形变，造成了收发通道间反射和绕射效应加剧，BER 要比场景 1 下的实测数据差一些。人体表皮肤和衣物对 UWB 信号的吸收，也导致了 BER 的增大。变 PPB 情况下，基于 BER 补偿的处理方法有效改善了 WBAN 的 BER 性能。场景 4 情况下的 BER 实测结果如图 3.44 所示。

场景 4 中，两位测试人员各配置穿戴两个体表传感器节点，站在与协调器节点相同距离的地方进行测试。双波段 MAC 协议保证了不同用户的不同传感器节点间不至于发生碰撞。BER 的性能与场景 1 的基本相同。

2. 传感器节点的初始化时延

传感器初始化时延表示传感器节点注册到通信系统并开始数据传递所需的时间。图 3.45 给出了对应于场景 1～4 的初始化时延和距离的变化曲线。

从图 3.45 可见，随着通信距离的增大，初始化时延逐渐增大。通信距离的增大，造成了 BER 的增大和传播延迟的增大。BER 的增大，会造成初始化请求消息失效，系统会继续进行初始化请求，进而导致初始化时延增大。在 1.1 m 的距离以内，4 种应用场景的初始化时延近似相等。当通信距离大于 1.1 m 时，4 种场景下的初始化时延差异开始变大。场景 2 的初始化时延值最大，主要是由于场景 2 下的 BER 值很高。这也印证了多 PPB 方案在维持初始化时延方面的重要意义。

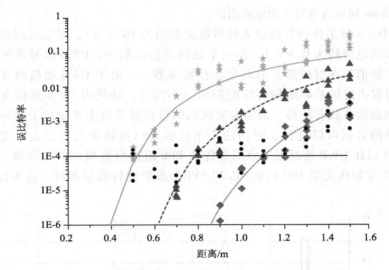

图 3.44 场景 4 下的 BER 拟合和实测数据

——— 拟合结果（20 PPB，无 BER 反馈）；   ★ 实测结果（20 PPB，无 BER 反馈）；
- - - 拟合结果（50 PPB，无 BER 反馈）；   ▲ 实测结果（50 PPB，无 BER 反馈）；
······ 拟合结果（100 PPB，无 BER 反馈）；   ◆ 实测结果（100 PPB，无 BER 反馈）；
● 实测结果（变 PPB，有 BER 反馈）

3. 功耗

采用图 3.46 的方法测量传感器节点的总功耗。去除传感器节点电路中的旁路电容，将一个 10Ω 电阻与之串联，用一个低电容值的探针测量 10Ω 电阻的端电压，计算获得流经电阻和传感器这一串联电路的电流值。

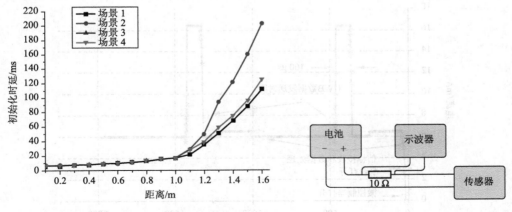

图 3.45   不同应用场景下初始化时延随
        距离的变化曲线

图 3.46   电流测试示意图

图 3.47 分别给出了不同配置参数下的电流值。图 3.47（a）中，数据包长度为 50 比特，单个传感器节点工作在周期发射状态，PPB 值为 100；图（b）和（c）中，数据包长度为 100 比特，两个传感器节点工作在连续发射状态，PPB 值分别为 20 和 100。所有节点的 PRF 为 100 MHz，在 2 ms 周期内进行工作电流测试。

　　图 3.47 中，3 种工作场景的最大峰值电流都约为 16.5 mA，周期发射状态下传感器节点休眠模式的电流约为 0.3 mA。在一个数据通信周期中，UWB 信号发射时段的电流消耗最大，主要消耗在射频部分的高频压控振荡器上。由于 UWB 通信的高数据传输速率，数据发射仅占总的复帧结构持续时间的一小部分，这使得 UWB 通信在功率损耗方面比其他体制通信方式有优势。周期发射状态的传感器节点主要受益于这种占空比的传输模式，大量的数据可以进行长时间的积累然后再以高速率发射出去。此外，双波段 MAC 协议还可以让 UWB 传感器节点以最优的 PPB 值进行数据通信。例如，在 0.2 m 的距离处，UWB 发射机无须 100 PPB，以 20 PPB 的参数进行通信即可。这可以节省 5% 左右的功耗。

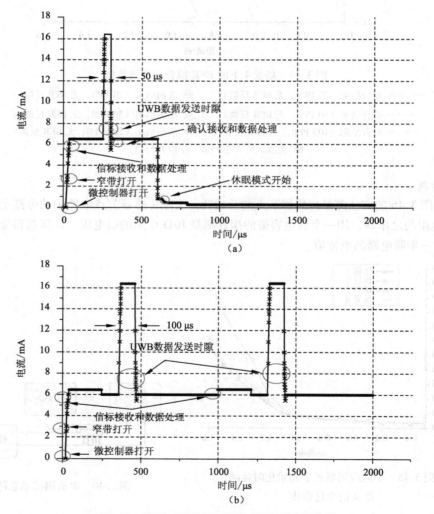

图 3.47　不同工作参数下的电流消耗测试数据

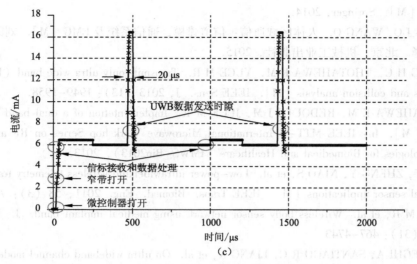

图 3.47　不同工作参数下的电流消耗测试数据（续）

小　结

　　本章详细介绍了人体区域无线通信系统的基础知识，给出了当前 WBAN 物理链路实现技术和常用的 MAC 协议，并对各种物理层和协议层的性能进行了对比分析。建立了 WBAN 通信场景下 MAC 协议仿真模型，分别给出了不同拓扑模型下的网络性能参数对比结果，包括包丢失率、平均包确认时间、吞吐率百分比、功耗等参数。

　　研究了基于 UWB 冲激脉冲的收发端设计和实现方法，研究了基于 UWB MAC 协议的 WBAN 系统实现，给出了跨层 MAC 协议实现的具体方案。以此为基础，设计了一套多传感器 EGG 和温度监测的 WBAN 系统，并给出了双波段 WBAN 系统的在线评估结果，包括多个典型应用场景下的误比特率、传感器节点的初始化时延和功耗对比结果，推动了 WBAN 技术的深入发展。

思考与练习

　　1. 简述 WBAN 系统的基本组成和特点。

　　2. 简述 WBAN 物理链路的实现技术，并分析各自的优缺点。

　　3. 简述 WBAN 系统的网络通信协议实现方式。

　　4. 分析 IEEE 802.15 协议的实现方式和网络传输性能。

　　5. 简述 "UWB 发射/接收" "仅发射" "UWB 发射＋控制信号窄带接收" 3 种方式的优缺点，并就其应用于 WBAN 系统的适应性加以分析。

　　6. 对 3.6 节中基于 UWB MAC 协议的 WBAN 系统实现，分析其优缺点，并探讨其改进方案。

参 考 文 献

[1] THOTAHEWA K M S, REDOUTE J M, YUCE M R. Ultra Wideband Wireless Body Area Net-

works［M］. Springer，2014.

［2］WANG J Q，WANG Q. 人体区域通信：信道建模，通信系统及 EMC［M］. 刘凯明，佘春
东，译. 北京：机械工业出版社，2015.

［3］KEONG H C，THOTAHEWA K M，YUCE M R. Transmit-only ultra wide band（UWB）body
sensors and collision analysis［M］. IEEE Sens. J，2013（13）：1949-1958.

［4］THOTAHEWA K M，REDOUTE J M，JUCE M R. Implementation of a dual band body sensor
node［M］. In：IEEE MTT-S International Microwave Workshop Series on RF and Wireless
Technologies for Biomedical and Healthcare（IMWS-Bio2013），2013.

［5］GAO Y，ZHENG Y，NIAO S，et al. Low-power ultrawideband wireless telemetry transceiver for
medical sensor applications［M］. IEEE Trans. Biomed. Eng. 2011，58（3）：768-772.

［6］YUCE M R，et al. Wireless body sensor network using medical implant band. J. Med. Syst，
2007（31）：467-4743.

［7］KHALEGHI A，SANTIAGO R C，LIANG X，et al. On ultra wideband channel modeling for in-
body communications［M］. 5th ed. IEEE International Symposium on Wireless Pervasive Com-
puting，2010：140-145.

［8］BOUDEC J Y，MERZ R，RADUNOVIC B，et al. DCCMAC：A decentralized MAC protocol
for 802. 15. 4a-Like UWB mobile Ad-Hoc networks based on dynamic channel coding
［M］. Broadnets，2004.

［9］KYNSIJARVI L，GORATTI L，TESI R，et al. Design and performance of contention based MAC
protocols in WBAN for medical ICT using IR-UWB［M］. in IEEE 21st International Symposium
on Personal，Indoor and Mobile Radion Communicatins Workshops，2010：107-111，26-30.

［10］ULLAH S，CHEN M，KWAK K，Throughput and delay analysis of IEEE 802. 15. 6-based
CSMA/CA protocol［M］. J. Med. Syst. 2012：36（6）：3875-3891.

［11］CHENG S，HUANG C，TU C. RACOON：a multiuser QoS design for mobile wireless body area
networks［M］. J. Med. Syst. 2011，35（5）：1277-1287.

［12］NARDIS L D，GIANCOLA G，BENEDETTO M G，et al. Performance analysis of uncoordinated
medium access control in low data rate UWB networks［M］. 2nd ed International Conference
on Broadband Networkds，2005（2）：1129-1135.

第 **4** 章　机器间通信系统

4.1　M2M 通信概述

　　近年来，基于无线和有线通信的智能设备呈现爆炸性增长态势，推动着诸如无线传感器网络（Wireless Sensor Networks，WSNs）、人体区域无线网络（Wireless Body Area Networks，WBANs）和机器间（Machine-to-Machine，M2M）通信等网络通信技术的发展。M2M 通信一般是指在有限人工干预或无人工干预情况下，计算机、嵌入式设备、智能传感器、执行器和移动设备等机器终端间的通信。这一概念的提出，基于如下两点原因：一个连入网的机器终端比一个孤立的机器终端更有价值；当多个机器终端实现互连后，可以支持更多的自动化和智能化的应用。

　　目前，M2M 技术开始扩展到越来越多的领域，如健康监控护理、智能机器人、网络物流系统（Cyber Transportation Systems，CTS）、智能制造、智能家居和智慧网格系统中。根据 Wireless Intelligence 的统计，截至 2008 年底，全球无线连接数量已超过 40 亿。据权威机构分析，M2M 市场还蕴藏着超过 500 亿的潜在连接数量。根据 Harbor Research 公司的统计数据，全球无线 M2M 连接数量已从 2008 年的 7 300 万户增至 2013 年的 4.3 亿户。到 2015 年，有不包括智能手机在内的约 1.5 亿的无须人工干预的自动化工作的无线联网设备涌现。市场调研公司 Strategy Analytics 统计，移动 M2M 市场规模在 2015 年超过 570 亿美元，2008 年底，这一市场的规模还只有不到 160 亿美元。M2M 技术正迎来其发展的黄金时期。

　　M2M 技术已扩展到如此众多的行业，因此，对该技术的标准化就显得迫在眉睫。多个组织都在推动 M2M 的标准化工作，如第三代合作计划（Third Generation Partnership Project，3GPP）、IEEE、电信工业联盟（Telecommunications Industry Association，TIA）、欧盟电信标准委员会（European Telecommunication Standards Institute，ETSI）等。中国通信标准化协会也成立了泛在网技术委员会，全面推动泛在物联阶段网络架构、技术和应用标准化研究。

4.1.1　M2M 基本概念

　　随着电子技术、网络技术的发展，诸如物联网（Internet of Things，IoT）、WSNs、M2M 和信息物理系统（Cyber Physical System，CPS）的概念也在不断演化更新着。下面分别对这些概念加以讲述。

　　1. IoT

　　IoT 是一个全球的网络设施，通过其数据采集获取能力和通信能力实现物理实体和虚拟体的互连。该网络设施包括现有的 Internet 和还在发展中的网络。它提供特定的目标识别、传感器和互联能力，用于进行配套服务的开发利用。

IoT 这一概念，最早出现在 1999 年，是指在一个类似 Internet 的网络结构中具有唯一识别码的对象、事物及其虚拟表示形式组成的网络。近年来，IoT 的概念变得相当普及，如在温室排放监控、智能交通、远程医疗、智能电表读取等场合。IoT 一般分为四层体系架构，包括感知层、网络层、分析层、应用层，如安全隐私等，如图 4.1 所示。

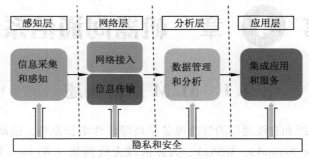

图 4.1　IoT 四层体系架构

2. WSNs

WSNs：由空间分布的自主式传感器组成，用来对诸如温度、声音、压力等环境参数或物理参数的监测，并且通过网络将数据传至中控端。

WSNs 强调通过传感器节点对信息的感知，是 IoT 最为基础的应用。在 IoT 体系架构下，M2M 主要实现非人为干预下的机器通信，传感器进行端到端的通信，用以支持诸如智能家居、智慧网格等的具体应用。

3. M2M

M2M 指设备与设备间通过无线或有线的方式进行通信的技术。M2M 运用一个设备（如传感器、仪表等）捕获一个事件（如温度、库存等），通过网络（无线、有线或混合）传递至应用端（软件程序等），将捕获的事件信号再转换为可用的信息。其体系架构如图 4.2 所示。

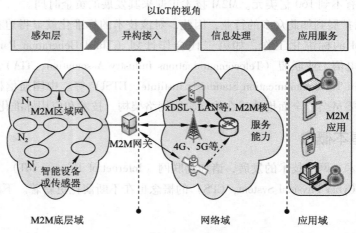

图 4.2　M2M 的体系架构

通过 WSNs 接口，M2M 系统中的传感器可以采集很多信息。如果终端具备生成决策和自主式控制能力，M2M 系统可升级到 CPS。

4. CPS

CPS 是指其计算组件和物理组件紧致关联且协同工作的系统。其体系架构如图 4.3 所示。

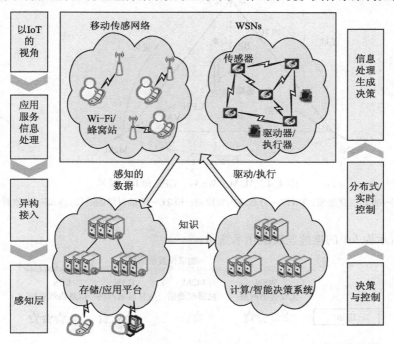

图 4.3 CPS 的体系架构

在 IoT 架构下，有人也将 CPS 视为 M2M 的进化和发展。CPS 更侧重于交互式应用中的计算智能配合以及分布式实时控制。这实际上对硬件技术和数据处理水平提出了更高的要求，如低抖动和低延迟通信技术。在未来，高性能的 CPS 将会以更高级的 IoT 形式出现。

5. IoT、WSNs、M2M 和 CPS 的关联

WSNs、射频识别、计算机技术、网络通信技术和分布式实时控制技术的发展，推动着 IoT 技术向着其高级形式的 CPS 体系发展。CPS 通过对大量无线网络和智能设备的整合，有望实现对周围物理环境的感知，并形成知识进而提供智能服务。表 4.1 给出了上述技术的内在关系。

表 4.1　IoT、WSNs、M2M 和 CPS 的关系

分　类	关　系
WSNs、M2M、CPS	属于 IoT（从体系架构角度）
WSNs	IoT 的简单形式，是 CPS 的基础，可视为 M2M 的补充
WBAN	WSNs 的典型形式
M2M	现阶段 IoT 的主要模式
CPS	M2M 技术的智能化发展，将成为 IoT 技术的重要技术形态
CTS	CPS 代表性的实现形式

一个以 CPS、WSNs 和 M2M 为三维坐标系的虚拟空间代表了 IoT，如图 4.4 所示。随着技术的发展，WSNs 和 M2M 将会推动 CPS 的广泛应用。

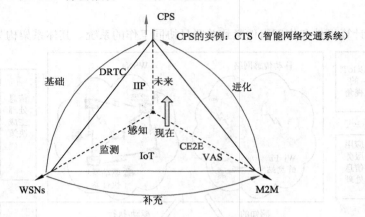

图 4.4　M2M、WSNs、CPS 和 IoT 联系

IIP—智能信息处理；DRTC—分布式实时控制；CE2E—终端对终端通信；VAS—增值服务

图 4.5 所示为 IoT 的连续发展演化示意图。

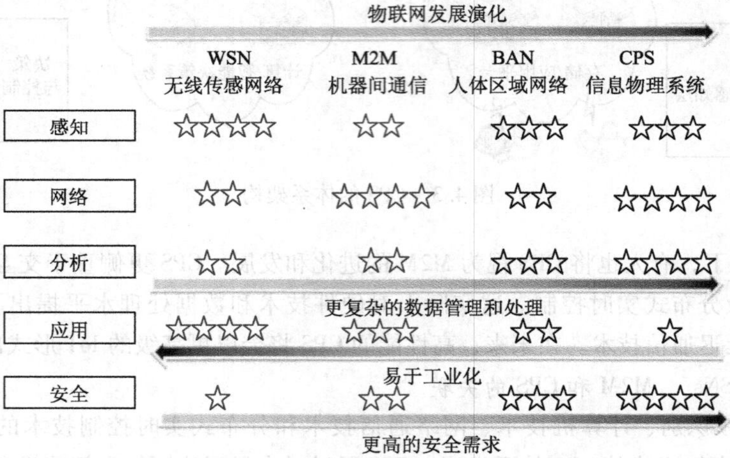

图 4.5　IoT 的连续发展演化示意图

4.1.2　M2M 通信的典型应用

如上所述，M2M 已经在很多领域得以应用，并且发展前景广阔。本节给出了 M2M 在历史文物保护、制造系统、家庭网络方面的应用，并对 M2M 技术发展中的协议设计、网络安全等问题加以分析。

1. M2M 用于历史文物保护

该应用系统的架构如图 4.6 所示，采用三级分级网络的形式，分别为邻域网络（Neighborhood Area Network，NAN）、建筑区域网络（Building Area Network，BAN）和房间区域网络（House Area Network，HAN）。采用基于 IP 的网络设计方法来实现 HAN、BAN 和 HAN 间的互联，采用诸如信号强度的无线电定位算法实现古董目标的定位。一旦古董目标未经许可移动了一定的距离，这种变化信息就通过分级网络上传至管理员。该系统的特点在于运用隐藏式传感器同时具有较高的定位精度，因此在信号制式上采用了 UWB 技术。

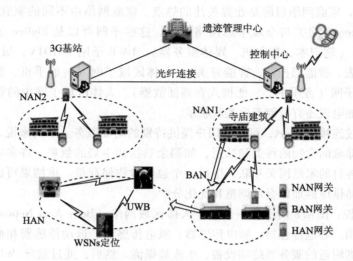

图 4.6　历史文物保护应用中的 M2M 系统架构

2. M2M 用于制造系统

在未来，机器工具有望向着自学习的智能机器方向发展。机器工具通常被视为能集成到更大的制造系统中的部件。但如果加以智能的知识获取和进化，也就是学习，将会产生智能化机器，并运用到更多的系统中。图 4.7 所示为制造系统中的 M2M 架构，通过运用计算机智能技术实现机器和周围环境的信息交互，从而将人工干预降至最低。该系统实时获取信息并进行知识学习，并对不同的知识集加以进化，服务于生产商、工具制造商和营销人员、远程服务分销商甚至是 e-机器。这种进化，提高了工作效率，降低了制造费用。

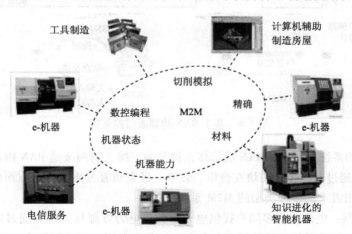

图 4.7　制造系统中的 M2M 架构

3. M2M 用于家庭网络

研究人员设计了一个典型的家庭 M2M 网络，可分解为 3 个基本的 M2M 结构：家庭网络、健康监控和智能电网。

（1）家庭网络：主要功能是媒体分发，该系统包括媒体存储（媒体服务器）、媒体传输（Wi-Fi、蓝牙和 UWB）和媒体消费（HDTV、智能手机、平板计算机、桌面计算机）。作为 M2M 的典型应用，家庭网络目前是业界关注的热点。家庭网络由不同的家庭设备子网组成，这些子网通过 Internet 网关与全域家庭网络连接。这些子网可以是 ZigBee 子网（电器、空调）、Wi-Fi 子网（笔记本、打印机、媒体服务器）、UWB 子网（HDTV、摄像机）、智能电网子网（智能电表、智能温控器、智能开关）、人体区域子网（智能手机、监控设备、身体传感器）和蓝牙子网（音乐中心、便携式音频播放器）。人体区域子网中的智能手机和智能电网子网中的智能电表还有可能产生关联联系。

居家设备通过连接 Internet，可以为用户提供特别的附加服务。举例来说，用户家中的冰箱可以提供其中储藏的食物的种类和数量，如剩余鸡蛋和牛奶的数量。许多家庭中的冰箱可以通过互联网和各自的家庭网关互联，生成一个总的食物储存量。该结果可以提供给食品供应商，用来对食品供应链加以合理调整和优化分配。

（2）健康监控：图 4.8 所示为一个基于人体区域网络（Body Area Network，BAN）的健康监控系统示意图。心电传感器、脑电传感器、肌电传感器、运动传感器和血压传感器将人体生理信号发送到附近的服务器终端设备，生成数据流。然后，通过蓝牙/WLAN 信道，这些数据流传输至健康护理电子支持站点供医生用于实时诊断，或传输至医疗数据库用于数据备份，或者触发一个紧急警告。

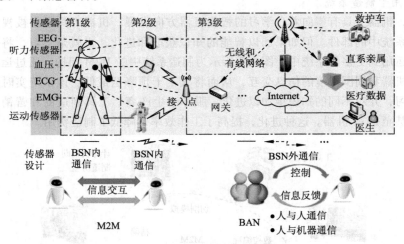

图 4.8　基于 BAN 的健康监控系统

图 4.8 所示的系统架构中，BAN 通信体系被分为三级，前两级是 BAN 内部通信，第三级是 BAN 外通信。通过对各主要模块在价格、效率、带宽和服务质量等多方面的定制，可以设计出满足不同应用需求的多种类型的 M2M 系统。

（3）智能电网：电网为众多用户提供电力服务，电力资源从发电站通过电网输送至终端用户。智能电网一般是根据实际的城市分布和人口分布布网，不断细化为一个个的小型网络。大体上说，一个城市有许多邻居，每个邻居有许多建筑，一栋建筑有许多公寓。这意味着智能电网中的通信体系结构是分级式的。

具体来说，电力分配网络中的通信体系架构可分为 NAN、BAN 和 HAN 三级，和图 4.8 中的类似。每个 NAN 可能包括多个 BAN，每个 BAN 覆盖多个公寓。智能电网体系中的智能电表可以用来建立先进仪表计量系统，从而实现电力消费端和电力供给端的双向通信。智能仪表一般配置有电量读取和通信网关两个数据接口。基于现有智能电网的标准，基于 IP 的网络架构可能会占上风，从而使得 HAN、BAN 和 NAN 间很容易地组网互联。

除此之外，M2M 在很多领域都有着广泛的应用前景。表 4.2 所示为 M2M 的部分典型应用示例。

表 4.2　M2M 的部分典型应用示例

应 用 领 域	应 用 示 例
安全	监控、报警、人/物追踪
交通	车队管理、排放控制、费用支付、道路安全
健康护理	医疗保健和人身安全
公用事业	石油、水、电力、热等资源的测量、控制和收费
制造	生产链监控和自动化
供货	货运供应、分配监测和自动售货设备
设施管理	家庭、建筑和校园自动化管理

当前 M2M 技术是一个非常活跃的新领域，在其发展过程中还存在一些约束和挑战。下列典型问题有待加以解决：

（1）云计算的快速发展，将有助于推动 M2M 的应用。然而，如何将云计算与 M2M 系统无缝集成需要进一步的研究。

（2）M2M 通信将海量数据推送到决策者，将会改变传统的业务流程。而海量数据的分析和处理是一个新课题，要解决如何从海量数据中提取有用信息这个问题。

（3）M2M 单元间的集成以及与更大系统间的集成需要更高的系统集成技巧。

（4）为 M2M 系统建构可靠的网络，尤其是网状网络，较为复杂且耗费高。

（5）安全问题。用户并不希望黑客闯入 M2M 应用网络中对诸如安全、监测、控制等处理流程加以篡改。而当前的 M2M 安全通常是由底层网络提供的，健壮性差。

（6）能源管理。M2M 的诸多节点通常包括传感器、无线收发芯片、微控制器和能源供应。维护 M2M 系统的长期运行，需要复杂的能源管理技术。

（7）在进行通信协议设计时，外部干扰通常被忽略。而实际上，干扰对通信链路的稳定性有很大的影响。MAC 协议和路由协议是通道无关的，无线传输链路的不稳定就会对整个通信系统带来很大的不确定性。

诸如上述种种问题，一定程度上限制了 M2M 技术的有效应用，有待于先进技术的发展加以解决。

4.1.3　M2M 的发展

人类社会互联互通的需求是无止境的，这也是推动 M2M 技术不断向前发展的动力所在。本节主要讨论提高 M2M 服务质量的一些方法，包括低功耗 MAC 协议、终端存在多径干扰时的 MAC 协议、跨层设计和 M2M 的安全机制设计。

1. 低功耗 MAC 协议

为延长 M2M 传感器的工作时间，研究人员提出了多个低功耗 MAC 协议，让传感器终端间断工作来节约电能。例如，sensor-MAC 协议通过同步各传感器终端的发射和侦听周期以使得数据吞吐量最大化，然后在很长的休眠周期中关闭传感器终端。诸如 Wise MAC 和 Berkeley MAC 的协议对信道进行轮检进而判断某个节点是否需要被唤醒，同时也减少了不必要的空闲监测。预设信道轮询 MAC（Scheduled Channel Polling MAC，SCP-MAC）采用预设的信道轮询时刻表对所有相邻信道的检查时间进行同步，在所有的数据发射过程中取消了低功耗侦听（LPL）的长前导码，从而可以获得超低的占空比。但在非稳定的可变通信环境下，上述通信协议都暴露出数据吞吐量和时延方面的不足。例如，SCP-MAC 协议能够以平均 5 s 的时间间隔在 10 个节点中进行最多 20 个 50B 的长数据包传输，这个指标对 BANs 应用来说是相当低的。此外，低功耗 MAC 下对不同功率和传输环境下的传感器进行脉冲同步也是一个有待解决的问题。

2. 终端存在多径干扰时的 MAC 协议

研究人员运用混合式信道配置方案设计了一个用于多信道多干扰环境中的无线网络。多径环境为无线组网提供了另外一种可能，即通过扩展节点的数据接口实现组网。一个移动节点，可以运用 802.11、802.15.4 或 802.15.1 接口进行组网，也可以选择最优链路进行组网。现在看来，开发具有多个接口的 M2M MAC 方案，寻找邻域节点并选择最优性能的连接接口进行组网，是很有必要的。

3. 跨层设计

跨层联合准入和速率控制（Cross-Layer Joint Admission and Rate Control，JARC）提高了多媒体服务的健壮性，可以按如下方案开展：

（1）联合设计框架：JARC 的关键特征就是同时支持应用层和网络层。该服务质量管理框架包括两个主要部分：其一是速率控制单元，用来进行面向用户的带宽配置；其二是准入控制单元，用来控制当前网络中的线程并确保当前多媒体服务的质量。

（2）微管 M2M 的跨层路由协议：微管 M2M 是一个通用术语，指的是任一能提供 M2M 设备与 M2M 网络进行物理和 MAC 层连接或 M2M 设备通过路由或网关与公用网络进行连接的网络技术。在微管 M2M 中，路由是从计量节点到 M2M 网关，再到蜂窝网或 Internet。MAC 协议中信道的可用性取决于当前受扰情况和上行链路节点的休眠状态，因此路由算法就需要与 MAC 协议相配合来获取信道链接可用性的信息，如时隙、频道等参数信息。假设链路一直有效，就可以设计节点休眠方案来保持网络的正常运行。但在零星可用的频段和时隙情况下，并不能保证网络的可靠连接，因此节点的访问延迟就会大幅异动。

4. M2M 安全机制

M2M 通信的安全机制研究还处于起步阶段。安全研究主要是针对潜在攻击、威胁的识别以及 M2M 通信系统漏洞检测。攻击包括被动攻击和主动攻击两类。被动攻击对正常的 M2M 通信无干扰，但它通过窃听方式意图获取 M2M 通信的相关信息。尽管较难检测，但如果采用良好设计的保密机制，被动攻击造成的危害可以降低。相反，主动攻击较易检测，但其危害巨大。主动攻击有意地修改 M2M 的感知数据和决策数据，甚至可以在经过身份验证后访问应用域中的后端数据库。有研究人员提出了两种 M2M 安全机制，包括折中节点的早期检测和带宽有效性协作认证以滤除虚假数据。

目前，广被接受的安全解决方案大都基于认证、授权和计费，但是并不能直接用于 M2M 场合。一个主要原因是很多 M2M 终端是有功耗约束的，这就意味着诸如 X.805 这样的全面解决方案无法被采用。对 M2M 安全来说，应该开发较低复杂度的算法和技术。假定蜂窝核心网是安全的，即 M2M 服务器是由移动网络运营商和 M2M 服务提供商所掌控的，那么 M2M 网络的安全则要从 M2M 通信系统的其他组成部分展开研究，包括 M2M 终端、终端和网关间的通信、M2M 数据、用户信息等方面。

4.2　M2M 通信体系架构和标准

M2M 通信标准主要由两个标准体系推动，其一是第三代合作计划项目（3rd-Generation Partnership Project，3GPP）提出的 3GPP 机器类型通信（Machine-Type Communications，MTC），其二是欧洲电信标准协会（European Telecommunications Standards Institute，ETSI）提出的 M2M 架构。还有其他的一些推动现有网络向 M2M 发展的研究，被归纳到框架项目 7（简称 FP7）计划中。其中一个最为有价值的研究是设备的扩展 LTE（Expanding LTE for Deices，EXALTED）FP7 计划。该研究计划的目的是，架设一个新的可扩展的网络体系结构用来支持未来无线通信系统的苛刻要求，为低端设备提供安全、节能、低成本的 M2M 通信。

4.2.1　3GPP MTC 架构

3GPP MTC 架构的设计目的：支持网络中大量的 MTC 设备，满足 MTC 的服务需求，支持 MTC 的增强型组合。MTC 表示了数据通信的一种实现形式，它包括一个或多个无须人为干预的实体。MTC 设备是一个用于机器类型通信的用户设备（User Equipment，UE），它与 MTC 服务器或其他 MTC 设备间通过公共陆地移动网络（Public Land Mobile Network，PLMN）进行通信。MTC 服务器是一个连接 3GPP 网络的实体，用于和 UE 和 PLMN 的节点间进行通信。基于 MTC 应用和 3GPP 网络间的通信形式，存在多种通信模式，如图 4.9 所示。

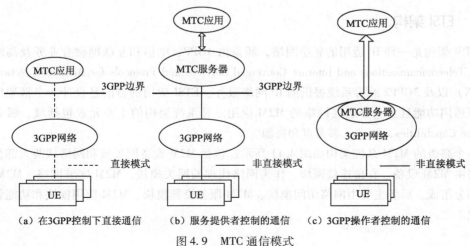

（a）在 3GPP 控制下直接通信　　（b）服务提供者控制的通信　　（c）3GPP 操作者控制的通信

图 4.9　MTC 通信模式

在直接模式下，UE 和 MTC 应用间直接通信，无须 MTC 服务器。在非直接模式下，MTC 应用和 UE 间通过 3GPP 网络提供的附加服务进行通信，需要 MTC 服务器。该服务器可以位于操作域之外，如图 4.9（b）所示；也可位于操作域之内，如图 4.9（c）所示。

一个 MTC 参考体系架构模型如图 4.10 所示。该图是一个泛在式的体系架构图，包括了直接模式、两种类型的间接模式和混合模式的 3GPP MTC 系统构成。

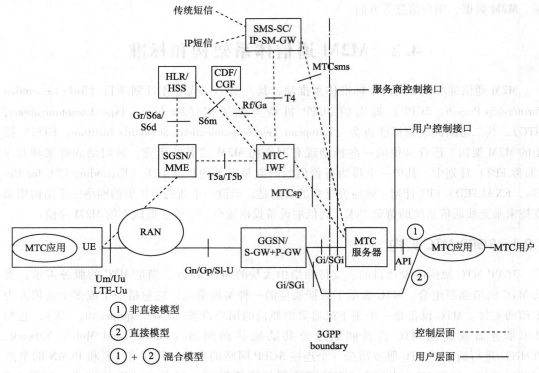

图 4.10　3GPP MTC 体系架构

4.2.2　ETSI 架构

ETSI 架构是一种 IP 适用的底层网络，涵盖由 3GPP、电信和互联网融合业务及高级网络协议（Telecommunications and Internet Converged Services and Protocols for Advanced Networking，TISPAN）以及 3GPP2 兼容系统提供的 IP 网络服务。ETSI 架构的目的是设计一个框架用于开发具有通用功能且独立于底层网络的 M2M 应用。其系统架构的主要元素包括域、服务能力（Service Capabilities，SCs）、参考点和资源。

一个高级的 M2M 系统架构如图 4.11 所示，包括 M2M 设备网关域和网络域两大部分。前者主要由 M2M 设备、直接连接模块、作为网络代理的网关模块、M2M 区域网络、M2M 网关这几部分组成。后者主要由网络访问模块、M2M 服务资源模块、M2M 应用模块和功能管理模块组成。

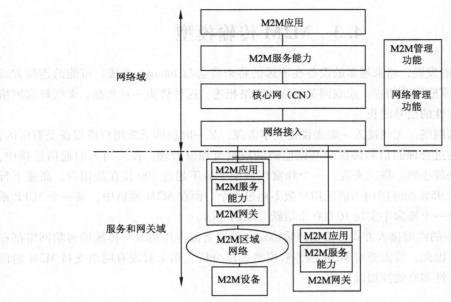

图 4.11　高级的 M2M 系统架构

4.2.3　EXALTED 系统架构

EXALTED 系统分为两个域，其一是网络域（Network Domain，ND），其二是 M2M 设备网关域（Device and Gateway Domain，DD）。ND 包括控制运行在设备和服务器上的所有控制组件，用于端到端安全通信的组件，用于设备管理的组件。此外，还包括进化分组核（Evolved Packet Core，EPC），用于对蜂窝通信网络加以管理。DD 包括运行 1 个或多个应用的终端设备。ND 和 DD 间的连接采用由 3GPP 定义的接口。典型的高级 EXALTED 系统架构如图 4.12 所示。

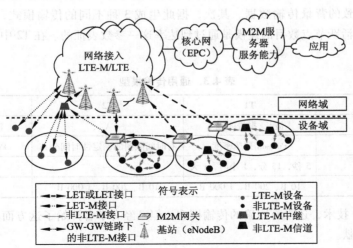

图 4.12　典型的高级 EXALTED 系统架构

4.3　M2M 传输模型

随着 M2M 的发展，越来越多的设备在不远的将来将会与 Internet 连接。可能的连接方式是 M2M 设备与家庭网关相连，家庭网关与移动网络相连。这种势头一旦兴起，无线蜂窝网络将会面临着爆炸性的信号增长。

在移动通信网络，无线接入一般来说是共享资源，某一时段的活跃用户或设备是有限的，整个信道资源通过合理的信号协议和基站监测的数据流加以管理。在人与人的通信连接中，这种访问数目是较小的。举例来说，一个蜂窝区域中一般不超过 100 位在线用户，高速下行链路接入通道在 95% 的时间内的活跃用户数不超过 4 个。而在 M2M 通信中，某一个 3GPP 系统的设计要求是一个蜂窝中实现 10 000 个活跃终端的通信。

M2M 通信中的终端接入方式、数据传输协议和信道资源占用情况与传统的通信网络都有着很大的不同。因此，就需要对 M2M 的传输模型加以分析，用来对现有网络支持 M2M 通信的可能性、可靠性和有效性加以评估。

4.3.1　3GPP 和 ETSI 中的 M2M 传输模型

基于蜂窝移动技术的 3GPP M2M 规范始于 Rel-10。在 Rel-10 中，3GPP 的目标是实现对移动网络中大量 M2M 设备的支持，并满足某些服务需求。总的服务需求如下：时间控制、时间容错、小批量数据传输、非常规移动终端、M2M 监控、优先级警报、安全连接、特定位置的触发、非常规传输、基于组的 M2M 功能。

在论及传输模型的相关文献中，首先是将 M2M 设备的通用传输模型分为 T1，T2 和 T3 三类（见表 4.3），描述同步和异步的网络访问。T1 类似非同步方式访问网络，如同一蜂窝中具有不同应用的 M2M 设备通信。T2 类以同步方式访问网络，如智能仪表。在智能仪表系统中，所有的仪表终端基于固定的时间标签发送同步的报文数据。T3 类是指通用的传统设备，在蜂窝内部产生非一致的背景传输数据。其次，据此生成 3 种不同的传输模式，如表 4.3 所示。在 T1 和 T3 中，活跃节点数目的建模是通过到达率这一参数表征的。在 T2 中，采用总的节点数目 X 来表示。

表 4.3　通用传输模型

场　景	T1	T2	T3
设备数目	波长/报告间隔	X	波长/报告间隔
到达处理	Poisson 到达密度	有时间限制的确定性时间分布	Poisson 到达密度
报告间隔	5 秒，15 分，1 小时，1 天	—	—
报告字节数	10 B、200 B、1 000 B	10 B、200 B、1 000 B	—

当前的 ETSI 技术，还没有明确的传输模型，但已经有学者开始了这方面的研究，具体内容可参考相关文献。

4.3.2　M2M 传输模型架构

到目前为止，M2M 的传输模型仅考虑了所有设备的通用运行模式，并未涵盖不同类型的应用。下面将分析不同应用场景下的传输模型，这些传输模型是基于 M2M 应用驱动的，称之为"源传输模型"，每个"源"是该模型自身的一个实例。表 4.4 给出了典型 M2M 应用的传输模型的简单对比。

表 4.4 典型 M2M 应用的传输模型

分　类	应　用	模型指向/设备/延迟/强度
健康护理	关键生理信号监测 紧急救援支持 远程医疗	上行/少/低/小
仪表监控	智能仪表 智慧网格 车-车	上行/多/低/可变
监控安防	传感器 视频监控 声音监听	上行/多/低/少
追踪	资产跟踪 车队管理 团队跟踪	上行/多/低/少
支付	自动售货机	上行/多/低/少

这些具有不同应用需求和特征的 M2M 应用，大体可以分为两大类：其一是 M2M 设备间的直接通信；其二是 M2M 设备到 M2M 服务器/用户集的通信。对 M2M 通信来说，大量的 M2M 用户一开始就有可能造成信号阻塞，任何方面的通信瓶颈都会加剧这种恶化。此时加以辅助方面的改进是有必要的，但还不够。对高延迟需求的应用来说，蜂窝单元需要有足够的空间来支持上行传输。这些都有赖于 M2M 传输模型的合理架构。

4.4　大规模 M2M 网络的实用分布式编码方案

世界人口的 70% 已经借助于移动通信技术实现了互联，人与人之间的通信市场将会逐渐趋于饱和。下一代无线通信的主战场将由机器间通信技术驱动，目前在近 50 亿的机器终端中，仅有约 1% 的机器具备连接通信的能力。未来机器间通信的市场将由大量各种各样的应用所引燃。大致来说，机器间通信可以分为九大类：居家、车辆、电子健康、遥测、车队管理、跟踪、金融、维护和安全。M2M 的主要特征可以归纳为以下几点：

（1）去中心化和动态变化拓扑：典型的人与人通信网络是分级架构和蜂窝中心管理的。M2M 通信是基于 ad hoc 或网格模式，并没有一个中心节点，各等效终端直接与其他终端通信。

（2）小数据突发：人与人之间通信时，语音数据通常会持续分钟量级，基于 Internet 的数据通信，如网页浏览、文件下载等，则涉及大块数据的分发与通信。而 M2M 通信是偶尔产生一些小的突发数据包。

（3）服务类型和 QoS 的多样化：M2M 可以归纳为移动数据流、智能计量、定期监测、紧急报警和移动销售。QoS 类的数量可以从通用移动通信系统/IP 的 4 或 6 增加到 M2M 通信中的 7。

（4）高能效：在很多 M2M 通信应用中，基于电池供电的终端难以充电，必须进行严格的能量消耗约束。例如，用于野生动物监测的传感器，其工作时间需要比动物的寿命还长，高能效是其首要需求。

（5）好的连接性：M2M 通信的终端连接数目可能数倍于人与人通信的终端数目。在某些应用中，终端必须安装在较差的信号覆盖区域。这就对 M2M 通信的终端连接性提出了更高的要求。

（6）少的人工干预或无人工干预：多数 M2M 通信需要大量的人力来配置和部署。导致了这样一个问题：在大规模部署和长期可持续性应用中，人的因素成了 M2M 通信的瓶颈问题。M2M 通信期望有自配置、自优化、自愈和自我保护的能力。

简单来说，M2M 通信的空中接口设计的关键在于覆盖、电池寿命和终端成本。以此为出发点，引出了终端聚类、休眠机制、MAC、FEC 编码、协同和分布通道编码的技术。

（1）终端聚类：多个终端的聚类处理，可以降低发射功率，还可以在簇头处进行业务集中和数据压缩以降低数据传输速率。

（2）休眠机制：将节点休眠是一个常用的节省能量的方法。休眠状态的节点，仅有低功耗的定时器工作，用于一段时间后的自唤醒。

（3）MAC：现有的 MAC 协议大致分为预规划协议和竞争协议两类。M2M 和传统人与人通信的不同之处主要体现在：由于严格的功耗限制造成的高能效和高谱效（频谱有效性）、密集部署的节点、随机网格型网络拓扑。诸如 S-MAC、T-MAC、D-MAC 协议被应用于 M2M 通信中。

（4）FEC 编码：当节点间距离超过一个阈值门限后，运用 FEC 编码可以以更低的功耗获得可靠的通信质量，这一点已经被证明。LDPC 码、Turbo 码等更高效的 FEC 码也在不断发展中。

（5）协同：为应对慢衰落的问题，协同技术被应用于时间分集和空间分集，如分布式时空码、分布式波束形成等。

（6）分布通道编码：将协同和 FEC 相结合，在协同分集和码增益方面具有优势。在 WSN 中，为实现高相关性数据的通信，采用了分布 Turbo 码。

本节将重点讲述基于终端聚类和协同的分布式 FEC 的物理层实现，将会在以下几方面带来好处：在不加干预的情况下，对不同拓扑结构的 M2M 的灵活支持；较低的计算复杂度带来的良好的误码纠错能力；高能效；对 QoS、数据块、多址访问等参数在大范围变化时的灵活支持能力。

4.4.1 相关工作

1. 基于单一用户的协同编码

基于 Turbo 码的原理，Zhao 等人提出了 DTC 方案。在该方案中，源节点将数据以递归系统卷积码（Recursive Systematic Convolutional，RSC）的形式向延迟节点（Relay Node，RN）和终端节点（Destination Node，DN）广播发送。在 RN 端，该信息被解码，通过交织器，并被另一个 RSC 编码器重新编码。编码信息在后续时隙中传输，使得 DTC 实现了交织和分集增益。虽然获得了码增益，但基于单一用户的协同编码方案仅适用于单一 RN 的网络，无法扩展到大规模的 M2M 网络中。

2. 基于多用户的协同编码

为突破该限制，多种基于多用户的协同编码方案被提出。Xia 等人设计了一种面向多源、多延迟、单一终端应用的 DTPC 多用户协同编码方案。该方案比较复杂，可能并不适用于处理能力有限且功耗严格受限的微节点组成的 M2M 网络。Youssef 等人设计了一种方案，RN 对从多个 SN 数据中恢复的信息进行联合重编码，DN 进行 Turbo 解码。由于协同的 SN 数目是变化的，因此内容块码也需要变化。这在很多 M2M 应用中并不现实，此外在 RN 端，需要对信息序列进行重新编码。该信息序列的长度与所有协同源节点（SN）的信息位数的总和相等。对一个具有较长信息位数的序列进行重新编码，将会导致较大的处理时延，降低了 M2M 应用的 QoS。从 M2M 应用的角度出发，期望在不引入任何额外的计算复杂度和处理延迟的前提下，充分利用编码增益和基于多用户的合作分集，来灵活地支持动态拓扑结构和大范围的QoS 要求。

为满足上述要求，下面给出一种基于聚类、协同和分布编码的 GMSJC 编码方案，该编码方案的特点如下：

（1）对多变的 M2M 拓扑实现灵活支持而无须人工干预。该方案能够灵活支持不同的块大小，意味着编解码器的结构在大范围的应用中保持不变。

（2）较低的计算复杂度实现误码纠错。一方面通过在源节点中的简单编码方案，设计Turbo 码，实现接近容量的编码增益。另一方面，通过多终端的协同，实现与协同的源节点数目成比例的空间分集增益。

（3）高能效。对于给定的目标链路质量，设计的 GMSJC 方案可以降低发射功率，因为具有很高的 SNR 增益和 MTC 终端处较低的计算复杂度。在 MTC 终端，只进行简单的编解码。复杂的多终端联合 Turbo 解码是在 MTC BS 上实现的。

（4）对大范围 QoS 变化的灵活支持能力。GMSJC 方案能够以不同的数据包尺寸对所有种类的 FEC 实现灵活的支持。

4.4.2 信号模型

如图 4.13 所示，考虑一个大规模的 M2M 通信网络，包括了多种典型的 M2M 应用，如智能家居、公司的智能遥测和维护、自然保护的智能监控、道路车辆和供应链的智能交通等。大块数据包的通信通过 H2H 实现，这里主要关注于短小猝发的数据分组 MTC 业务。根据业务类型和位置，将 M2M 通信网络细分为多个簇，每个簇包含多个 MTC 终端，向 MTB BS 传递传感器的数据。

在每种应用中，根据 QoS 的需求，将随机分散的 MTC 终端分为若干个簇，称为协同簇（Cooperative Cluster，CC）。分割算法采用常规的 LEACH、HEED、RCCT 等方法。在每个 CC中，一个 MTC 终端被选为簇头。不失一般性，做如下假设：

（1）采用诸如连接 K 邻（Connected K-Neighborhood，CKN）的休眠算法来节省能量。当MTC 终端切换到休眠模式时，将不会感知。

（2）所有的 MTC 终端都可以改变发射功率来满足目标误差性能。

（3）所有的 MTC 终端采用半双工模式。

（4）为简化问题，采用 CSMA 方式。在一个 CC 中，MTC 终端首先发射一个数据请求。

当这个请求被批准后，分配一个信道给该终端，再将传感数据传递出去。

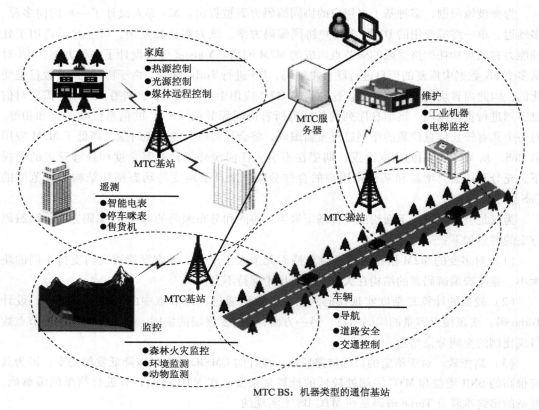

图 4.13　典型的 M2M 应用和分簇

（5）所有的通道都是准静态的瑞利衰落信道，在一帧数据中，衰减是恒定的。帧与帧之间是相互独立变化着的。

（6）在一个 CC 中的所有源节点具有大致平均水平的 SNR（信噪比）。一个 CC 包括多个距离较近的 MTC 终端，这些终端具有相同的 QoS 和服务，相同的调制和编码方式。

（7）所有的源节点发射相同功率的信号，RN 通常发射更高功率的信号。

因为所有的 CC 具有相似的拓扑结构，此处仅考虑一个 CC。如图 4.14 所示，一般拓扑结构的 CC 包括 K 个活跃的源节点，SN $\{S_k\}$，$k = 1,2,\cdots,K$（图中用 S 表示），一个中继节点 RN（图中用 R 表示），辅助将所有活跃源节点 SN 的数据发送至 MTC 基站，一个目标节点 DN（图中用 D 表示）。

在 CSMA（载波侦听多路访问）和半双工假设前提下，所有的源节点（Source Node，SN）通过正交通道发送编码信号到中继节点（Relay Node，RN）和目标节点（Destination Node，DN）端。RN 和 DN 端的接收信号具有相同的表达式

$$y = P_t hx + n$$

式中，P_t 表示发射功率；x 表示突发数据；n 表示 iid 零均值高斯随机噪声。

射频通信系统

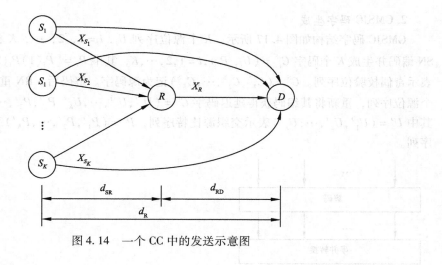

图 4.14 一个 CC 中的发送示意图

4.4.3 灵活的 GMSJC

在该方案中，所有的 SN 采用简单 FEC 方式，RN 端采用简单解码和多终端联合编码方式，DN 端实现复杂的联合多终端 turbo 解码，其整体处理流程如图 4.15 所示。

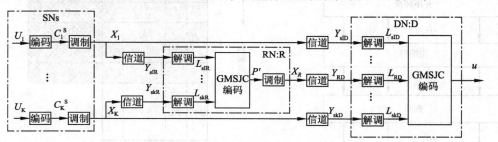

图 4.15 GMSJC 方案整体处理流程

该流程包括三步：在所有 K 个 SN 上进行简单 FEC（Forward Error Correction）编码；RN 端进行 GMSJC 编码；DN 端进行 GMSJC 解码。不失一般性，此处的系统码可以直接扩展成非系统码。

1. GMSJC 处理

首先，每个 SN 端将长度为 M 的传感信息位序列 U_i 进行编码，以码速率 $R = M/N$ 产生长度为 N 的码字 $C_i^S = (U_i\ P_i)$，其中 $U_i = [U_i(1)\ U_i(2)\ \cdots\ U_i(M)]$ 表示源比特序列，$P_i = [P_i(1)\ P_i(2)\ \cdots\ P_i(N-M)]$，表示奇偶校验位序列，S 表示源节点。然后，码字被调制并广播至所有的 RN 和 DN 端。从 SN 端接收信号的时候，RN 端将所有的编码符号以对数似然比（LLR）的形式进行解码，得到软信息序列 L_{siR}，$i = 1, \cdots, K$。这些 LLR 信息序列反馈至 GMSJC 编码器产生新的码字，新码字的奇偶校验部分为 $P' = [P'(1)\ P'(2)\ \cdots\ P'(K(N-M))]$，新码字被调制并传输至 DN 端。RN 端 GMSJC 编码流程如图 4.16 所示。

SN 端和 RN 端接收到了信号，也就是说 DN 端实现了解调和 GMSJC 的解码。在解释 GMSJC 解码算法之前，先介绍 GMSJC 码字的结构。

2. GMSJC 码字生成

GMSJC 码字结构如图 4.17 所示，K 个源位序列 U_i，$i = 1$，2，$\cdots$，K 相互独立地被 K 个 SN 编码并生成 K 个码字 $C_i^S = (U_i, P_i)$，$i = 1, 2, \cdots, K$，其中 $P_i = [P_i(1) P_i(2) \cdots P_i(N - M)]$，表示奇偶校验位序列。$C^S = (C_1^S, C_2^S, \cdots, C_K^S)$ 记为源码字。解码后，RN 重新生成并交织这 K 个源位序列，重新将其编码获得延迟码字 $C^R = (U_1', U_2', \cdots, U_K', P_1', P_2', \cdots, P_K') = (U', P')$，其中 $U' = (U_1', U_2', \cdots, U_K')$ 表示交织源比特序列，$P' = (P_1', P_2', \cdots, P_K')$ 表示 U' 的奇偶校验序列。

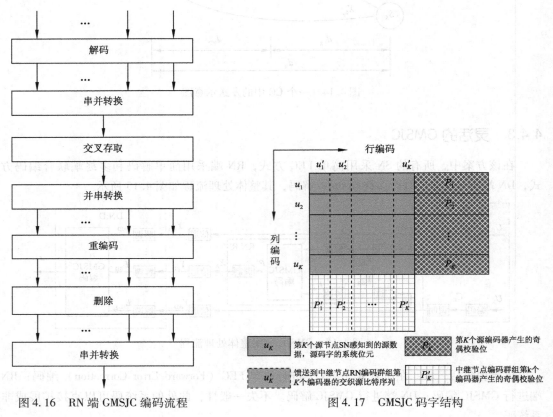

图 4.16 RN 端 GMSJC 编码流程　　　　　　　　图 4.17 GMSJC 码字结构

在 DN 端，GMSJC 码字 $C^D = (U, P, P')$ 是自然形成的，包括 $U = (U_1, U_2, \cdots, U_K)$ 和 $P = (P_1, P_2, \cdots, P_K)$。和 Turbo 码块（BTC）类似，$K$ 个 SN 处的编码类似于 BTC 编码中的行编码，D 表示标点延迟码字的构建类似于 BTC 编码中的列编码。

3. DN 端 GMSJC 解码

从 K 个 SN 端接收到含噪信号 $\{Y_{S,D}\}$，$i = 1$，$\cdots$，K，从 RN 端接收到 Y_{RD}（其中 RD 表示中继节点到目标节点的传输链路），DN 端采用软解调的方式以 LLR 的形式获得软信息，如下：

$$L_{S,D}(m) = \log \frac{P_r(C_{S_i}(m) = 1 \mid y_{S,D}, b_{S,D})}{P_r(C_{S_i}(m) = 0 \mid y_{S,D}, b_{S,D})}, i = 1, \cdots, K, m = 1, \cdots M$$

$$L_{RD}(n) = \log \frac{P_r(C_R(n) = 1 \mid y_{RD}, b_{RD})}{P_r(C_R(n) = 0 \mid y_{RD}, b_{RD})}, n = 1, \cdots K(N - M)$$

射频通信系统

式中，$P_r(C_{S_i}(m)=1|y_{S,D}, b_{S,D})$ 表示在含噪信号 $y_{S,D}$ 和 $b_{S,D}$ 条件下 $C_{S_i}(m)=1$ 的条件概率，其他概率公式的含义亦然。

如前所述，提出的 GMSCJ 构建了一个 Turbo 类型的码字，在 DN 端采用 Turbo 码准则部署了多终端联合迭代解码方案，总体的解码结构如图 4.18 所示。

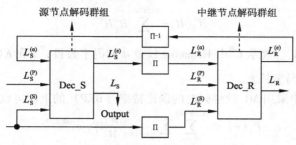

图 4.18　GMSJC 解码器结构图

4.4.4　性能分析

和非协作分布式编码方案相比，GMSJC 方案获得了额外的码增益和全空间分集，在 RN 端采用了多终端联合编码，在 DN 端采用了多终端联合解码。下面对其增益性能加以分析，并分析在误码性能增强和耗能方面的平衡。

1. 基于距离谱的误差概率性能分析

如前所述，码字 C^D 包括 K 个 SN 端产生的 K 个码字 C^S（其中 S 表示 S 端产生的）和 RN 端产生的校验码字 C^R。假定 C^S 的输入冗余权重枚举函数（IRWEF）为

$$A^S(W, Z_S) = \sum_{w,j} A^S_{w,j} W^w Z^j_S$$

式中，$A^S_{w,j}$ 表示 C^S 中由 Hamming 权重 w 的输入信息字产生的码字数目。该 Hamming 权重 w 的奇偶检验位具有虚拟的变量 j、W 和 Z_s。记 C^S 的条件权重枚举函数（CWEF）为

$$A^S_w(Z_S) = \sum_j A^S_{w,j} Z^j_S$$

权重枚举函数（WEF）为

$$B^S(H) = \sum_{d=d_0}^{N} B^S_d H^d$$

式中，B^S_d 表示 Hamming 权重 d 的码字数目；d_0 表示 C^S 中的最小 Hamming 权重；H 表示虚拟变量。

WEF 和 IRWEF 通过下式建立联系，即

$$B^S(H) = A^S(W=H, Z_S=H)$$

式中，$A^S(H,H) = \sum_{w,j} A^S_{w,j} H^{w+j} = \sum_k B^S_k H^k, B^S_k = \sum_{w+j=k} A^S_{w,j}$。

在 RN 端采用了相同的 FEC 方案，因此 C^R 具有相同的 WEF、CWEF 和 IRWEF。根据 C^S 和 C^R 的 CWEF，可以计算出 C^D 的 CWEF 如下：

$$A^D_w(Z_S, Z_R) = \frac{(A^S_w(Z_S))^K (A^R_w(Z_R))^K}{\binom{KM}{w}} \triangleq \sum_{i,j} A^D_{w,i,j} Z^i_S Z^j_R$$

式中，M 表示 C^S 和 C^R 中的信息位数目；KM 表示交织器大小，同时也是 C^D 码字中的信息位的

数目；$\dbinom{KM}{w}$ 表示以 w 个数字里面取出 KM 个的所有取法。C^{D} 码的 IRWEF 可以重写为：

$$A^{\mathrm{D}}(W, Z_{\mathrm{S}}, Z_{\mathrm{R}}) = \sum_{w,i,j} A^{\mathrm{D}}_{w,i,j} W^{w} Z^{i}_{\mathrm{S}} Z^{i}_{\mathrm{R}}$$

C^{D} 码的 WEF 可以表示为

$$B^{\mathrm{D}}(H) = \sum_{d=d_f}^{K(2N-M)} B^{\mathrm{D}}_d H^d$$

式中，$B^{\mathrm{D}}_d = \sum_{w+i+j=d} A^{\mathrm{D}}_{w,i,j}$ 表示 C^{D} 中 Hamming 权重 d 的码字数目；d_f 和 $K(2N-M)$ 分别是最小 Hamming 权重和 C^{D} 的码字长度。

高斯白噪声信道中采用 ML 软解码时的误比特率（BEP）的上限可以计算如下：

$$P_{\mathrm{b}}(\mathrm{e}) \leqslant \sum_{d=d_f}^{K(2N-M)} \sum_{w+i+j=d} \frac{w}{M} A^{\mathrm{D}}_{w,i,j} \mathrm{e}^{-dR_c E_b/N_0}$$

$$= \sum_{d=d_f}^{K(2N-M)} D_d \mathrm{e}^{-dR_c E_b/N_0}$$

式中，$R_{\mathrm{c}} = M/(2N-M)$ 表示编码率；E_{b} 表示单位信息比特的能量值；$D_d \triangleq \sum_{w+i+j=d} \frac{w}{M} A^{\mathrm{D}}_{w,i,j}$ 中的 $\triangleq$ 表示"定义为"的意思。

表 4.5 列出了以（7，4）为参数的 Hamming 组分码的 GMSJC 中的 D_d 值，同时也给出了（7，4）Hamming 码。

表 4.5　（7，4）Hamming 码和均匀交织器的 GMSJC 元码的系数值

HAMMING 距离	HAMMING 码	K 个协调节点时的 GMSJC					
		1	2	3	4	5	10
3	0.1875	0.026 786	0.010 227	0.005 357	0.003 289	0.002 223	0.000 759 11
4	1.875	0.482 143	0.265 909	0.182 143	0.138 158	0.111 166	0.062 246 96
5	3.75	1.446 429	1.063 636	0.910 714	0.828 947	0.778 162	0.684 716 6
6	1.125	1.205 357	0.952 597	0.815 972	0.731 037	0.673 343	0.555 747 15
7	0.062 5	3.839 286	3.114 123	2.779 021	2.577 206	2.441 703	2.167 885 28
8	0	9.964 286	6.631 169	5.449 001	4.829 721	4.446 975	3.742 660 97
9	0	23.705 36	16.453 73	13.674 95	12.214 66	11.318 29	9.695 106 85
10	1	33.392 86	32.855 84	30.849 9	30.012 23	29.871 25	32.181 208 4
11		21.508 93	51.556 66	52.503 67	52.246 87	52.280 33	55.212 149 8
12		12.321 43	104.044 5	113.328 2	117.619 3	121.751 5	141.764 11
13		7.160 714	192.425 2	219.463 9	231.044 9	241.006 2	284.666 583
14		4.401 786	311.545 5	418.307 6	463.480 6	497.018	619.217 601
15		6.267 857	379.400 6	737.146 5	894.474	1006.37	1397.456 46
16		1.232 143	316.259 1	1 207.757	1 620.004	1 899.887	2794.701 88
17		0.044 643	227.272 9	2 018.098	3 016.754	3 716.139	6 008.746 79
18		0	148.853 6	3 120.65	5 357.442	6 958.087	12 150.339 1
19		0	95.663 47	4 271.702	9 176.278	12 834.21	24 735.142 2

HAMMING 距离	HAMMING 码	K 个协调节点时的 GMSJC					
		1	2	3	4	5	10
20		1	74.214 94	4 865.357	14 962.1	23 065.88	50 105.236 7
21			36.592 37	4 466.27	23 221.97	40 217.85	98 787.894 9
22			19.912 99	3 580.551	34 737.55	69 045.82	195 597.622
23			11.907 31	2 607.016	48 259.55	114 435.3	379 820.744
24			6.257 143	1 810.496	60 524	182 762.8	731 953.053
25			8.509 091	1 270.257	66 622.14	279 713.8	1 396 117.5
26			1.206 818	789.639 9	63 660.24	408 644	262 767 2.63
27			0.030 682	485.208 3	54 407.37	567 758.3	4 902 691.96
28			0	289.765 9	42 636.86	736 698.4	9 029 345.18
29			0	163.054	31 521.24	877 856.2	16 440 127.2
30			1	114.426	22 497.15	947 404.6	29 566 108.2

从表 4.5 中可以看出，随着 K 的增大，影响性能的支配指标的多样性逐渐减小，从而误比特率（BEP）这一参数的性能应该会增强。采用前述的上限公式，可以得到 GMSJC 码字的 BEP 上限图，如图 4.19 所示。当 K 从 1 增大到 10 时，可以获得 1.5 dB 的增益。

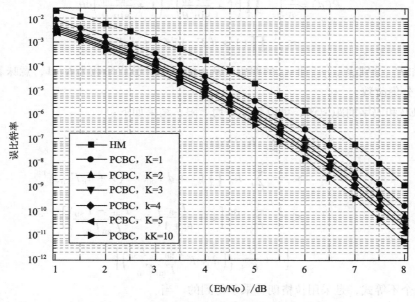

图 4.19   在 AWGN 信道中 GMSJC 的 BEP 上限值

2. 基于成对差错概率（PEP）的空间分集性能分析

基于 GMSJC 的 WEF 表达式，对多终端协同情况下的空间分集增益进行分析。为简化问题，假定所有的 SN 的信道状况良好，RN 端可以正确解码 SN 端发射的信号。

采用线性码时，可以假定一个全零码字来导出误差概率性能。当全零码发射出时，解码器的 PEP 可以表示为

$$P(d \mid \gamma) = Q\left(\sqrt{2\sum_{i=1}^{K} d_i \gamma_{S,D} + 2d_R \gamma_{RD}}\right)$$

式中，d_i 和 d_R 分别表示 Hamming 权重为 d 时，由第 i 个 SN 和 RN 发射的误码码字的 Hamming 权重值，比如 $d = d_R + \sum_{i=1}^{K} d_i$。

需要注意的是，$d_1, \cdots, d_K, d_R$ 和信噪比 γ 无关。

将上式在 γ 的衰落分布区间进行平均，可以得到绝对 PEP 为

$$P(d) = \underbrace{\int_0^\infty \cdots \int_0^\infty P(d \mid \gamma) p(\gamma) \mathrm{d}\gamma}_{K+1}$$

式中，$p(\gamma) = p(\gamma_R) \prod \frac{K_{i+1}}{p(\gamma_i)}$，表示瞬时 SNR 矢量 γ 的 $K+1$ 维联合概率密度函数。采用下式的 Gaussian Q 函数的等效表达式

$$Q(x) = \int_0^{\pi/2} \mathrm{e}^{-\frac{x^2}{2\sin^2\theta}} \mathrm{d}\theta, x \geq 0$$

并将 $P(d \mid \gamma)$ 代入，则有

$$p(d) = \frac{1}{\pi}\int_0^{\pi/2} \prod_{i=1}^{K}\left[\int_0^\infty \mathrm{e}^{-\frac{d_i \cdot \gamma_{S,D}}{\sin^2\theta}} p(\gamma_{S,D})\mathrm{d}\gamma_{S,D}\right]\left[\int_0^\infty \mathrm{e}^{-\frac{d_R \cdot \gamma_{RD}}{\sin^2\theta}} p(\gamma_{RD})\mathrm{d}\gamma_{RD}\right]\mathrm{d}\theta$$

借助于用于评估 Rayleigh 衰落的矩量产生函数和 Laplace 变换，绝对 PEP 的上限可以表示为

$$P(d) = \frac{1}{\pi}\int_0^{\pi/2} \prod_{i=1}^{K}\left(1 + \frac{d_i \Gamma_{SD}}{\sin^2\theta}\right)^{-1}\left(1 + \frac{d_R \Gamma_{RD}}{\sin^2\theta}\right)\mathrm{d}\theta$$

$$\leq \frac{1}{2}\prod_{i=1}^{K}(1 + d_i \Gamma_{SD})^{-1}(1 + d_R \Gamma_{RD})^{-1}$$

式中，Γ_{SD} 和 Γ_{RD} 分别表示 $\gamma_{S,D}$ 和 γ_{RD} 的期望。从上式可见，分集阶数为 $K+1$，意味着该方法可以获得完全分集阶数。

给定 PEP 和码字的距离谱，可以推导平均上限，结果如下：

$$P_b \leq \sum_{d=d_f}^{K(2N-M)} B_d^{C_D} P(d)$$

$$\leq \frac{1}{2}\sum_{d=d_f}^{K(2N-M)} B_d^{C_D} \prod_{i=1}^{K}(1 + d_i \Gamma_{RD})^{-1}(1 + d_R \Gamma_{RD})^{-1}$$

$$\leq \frac{1}{2}\sum_{d=d_f}^{K(2N-M)} B_d^{C_D}\left[1 + \frac{\Gamma_{SD}}{K+1}\left(d - \frac{\Gamma_{RD} - \Gamma_{SD}}{\Gamma_{RD}\Gamma_{SD}}\right)\right]^{-K} \cdot$$

$$\left[1 + \frac{\Gamma_{RD}}{K+1}\left(d + K\frac{\Gamma_{RD} - \Gamma_{SD}}{\Gamma_{RD}\Gamma_{SD}}\right)\right]^{-1}$$

式中最后一个不等式，是采用拉格朗日乘子得到的。当

$$d_i = \frac{1}{K+1}\left(d - \frac{\Gamma_{RD} - \Gamma_{SD}}{\Gamma_{RD}\Gamma_{SD}}\right), \ i = 1, 2, \cdots, K \qquad d_R = \frac{1}{K+1}\left(d + K\frac{\Gamma_{RD} - \Gamma_{SD}}{\Gamma_{RD}\Gamma_{SD}}\right)$$

时，可以达到上限值。

3. 能效性能分析

一般来说，采用 FEC 可以在给定 BER 的情况下节省发射功率，其代价是系统带宽和解码过程的高耗能。当节省的发射功率比解码所需的能耗更低时，采用 FEC 并非高能效，因此有必要分析所提方法的能效性能。

射频通信系统

采用文献中的能效分析方法，N 比特信息传输所需的能量可表示为

$$E(N,d) = E_{\text{TX}}(N,d) + E_{\text{RX}}(N) + E_{\text{enc}} + E_{\text{dec}}$$

式中，E_{enc} 和 E_{dec} 分别表示编码器和解码器消耗的能量，$E_{\text{TX}}(N,d)$ 和 $E_{\text{RX}}(N)$ 分别表示发射电路和接收电路消耗的能量。接收电路消耗的能量可表示为

$$E_{\text{RX}}(N) = N \cdot E_{\text{elec}}$$

式中，E_{elec} 表示收/发电路消耗的能量。发射器消耗的能量包括两部分：一部分是放大器消耗的能量；一部分是其他发射电路消耗的能量。表示如下：

$$E_{\text{TX}}(N,d) = N \cdot E_{\text{elec}} + N \cdot d^2 \cdot E_{\text{amp}}$$

式中，d 表示发射器和接收器的距离；E_{amp} 表示放大器消耗的能量，与发射功率 P_{rad} 成正比。在给定 SNR 情况下，为达到期望的 BER，发射功率 P_{rad} 可表示为

$$P_{\text{rad}} = \Gamma + 衰减 + 热噪声 + 接收机噪声系数 - G_{\text{FEC}}$$

式中，Γ 表示给定的 SNR，衰减因素是传输信道造成的，热噪声和接收机噪声是由接收端造成的；G_{FEC} 表示码增益，单位是 dB。相同的无线传输场景下，两套方案的能量消耗差，用 dB 表示如下：

$$
\begin{aligned}
\Delta E_{\text{amp}} &= E_{\text{amp}}^{(2)} - E_{\text{amp}}^{(1)} \\
&= G_{\text{FEC}}^{(1)} - G_{\text{FEC}}^{(2)} \\
&= -\Delta G_{\text{FEC}}
\end{aligned}
$$

式中，$E_{\text{amp}}^{(i)}$ 和 $G_{\text{FEC}}^{(i)}$ 分别表示第 i 个方案中放大器的能耗和码增益的能耗。

下面计算 SN 和 RN 的能耗，进而得到单一信息位的能耗。SN 端的能耗可以表示为

$$
\begin{aligned}
E_{\text{SN}}(N,d) &= E_{\text{Tx}}(N,d_{\text{SD}}) + E_{\text{enc}} \\
&= N(E_{\text{elec}} + d_{\text{SD}}^2 E_{\text{amp}}) + E_{\text{enc}}
\end{aligned}
$$

式中，E_{SN} 表示源节点的能耗；N 表示码字长度；d 表示距离；E_{Tx} 表示发射机的能耗；d_{SD} 表示发射机和接收机的距离；E_{enc} 表示编码器的能耗；E_{elec} 表示发射机电路的能耗；E_{amp} 表示放大器的能耗。

RN 端的能耗可以表示为

$$
\begin{aligned}
E_{\text{RN}}(N,M,d) &= E_{\text{Rx}}(N) + E_{\text{dec}} + E_{\text{enc}} + E_{\text{Tx}}(N-M,d_{\text{RD}}) \\
&= E_{\text{dec}} + E_{\text{enc}} + (2N-M)E_{\text{elec}} + (N-M)d_{\text{RD}}^2 E_{\text{amp}}
\end{aligned}
$$

式中，E_{RN} 表示接收节点的能耗，N 表示码字长度；M 表示比特序列长度；d 表示距离；E_{Rx} 表示接收电路的能耗；E_{dec} 表示解码器的能耗；E_{enc} 表示编码器的能耗；E_{Tx} 表示发射电路的能耗；d_{RD} 表示距离；E_{elec} 表示发射机电路的能耗；E_{amp} 表示放大器的能耗。

从而，GMSJC 的能耗可以表示为

$$
\begin{aligned}
\overline{E}_{\text{GMSJC}} &= \frac{1}{KM}\big[E_{\text{SN}}(KN,d_{\text{SD}}) + E_{\text{RN}}(KN,KM,d_{\text{RD}}) \big] \\
&= \frac{1}{M}\Big\{ 2E_{\text{enc}} + E_{\text{dec}} + (3N-M)E_{\text{elec}} \\
&\quad + (N-M)d_{\text{RD}}^2 E_{\text{amp,RN}}^{(\text{GMSJC})} + Nd_{\text{SD}}^2 E_{\text{amp,SN}}^{(\text{GMSJC})} \Big\}
\end{aligned}
$$

式中，K 表示以对数似然比（log-likelihood ratio，LLR）获得的软信息序列的长度，其他符号的含义同上。

4.4.5 性能评估

1. 仿真系统和参考方案

如前所述，模拟的 M2M 网络可以分解为多个 CC。假定每个 CC 中所有的节点采用相同的 MCS，RN 端的发射功率比 SN 端大 5dB，即 $\Gamma_{RD} = \Gamma_{SD} + 5$ dB。主要的仿真参数如表 4.6 所示。

表 4.6　仿真参数一览表

调　　制	QPSK
源节点 SN 处的 FEC	第 1 种情况：Hamming 编码（7，4） 第 2 种情况：BCH（31，21，2） 第 3 种情况：RSC（1，5/7），$N = 128$
接收点 RN 的交织器	随机交织
信噪比 SNR 设定	$\Gamma_{RD} = \Gamma_{SD} + 5$dB $\Gamma_{SR} = 50$dB
一个合作簇 CC 中活跃的源节点 SN	$K = 1$，2，5，10

将本章所提的 GMSJC 方案与以下 3 种参考方案进行对比：

（1）NoRN_ S 方案：所有的 SN 节点采用简单 FEC 将 M 个信息比特编码成一个 N 比特的码字，直接将码字发送到 DN 端，无须 RN 端的配合。

（2）NoRN_ T 方案：所有的 SN 节点将 KM 比特信息序列分割为 K 组，采用 PCCC 或 PCBC 编码方式将每组信息比特流转化为 $2N - M$ 比特的码字。所有的 K 个码字直接传递到 DN 端，无须 RN 端的配合。基于单终端的 Turbo 编码和解码，该方案可以获得额外的码增益。NoRN_ T 方案与 DMSCTC 方案具有相同的距离谱。

（3）DTC 方案：所有的 SN 节点将 KM 信息比特数据分割为 K 组，采用 FEC 编码器对每组数据进行编码，生成 N 比特码字。所有的 K 个码字向 RN 和 DN 端广播。RN 分别处理 K 个码字，获得 K 组长度为 $N - M$ 的校验序列。DN 端进行单一终端的 Turbo 解码。DTC 不仅可以实现额外的码增益，还可以获得协同增益。DTC 方案与 DMSCTC 方案具有相同的距离谱。

3 种参考方案和所提的方案的基本对比如表 4.7 所示。

表 4.7　4 种方案的对比分析一览表

方　案	源节点端的 FEC 编码	FEC 编码长度	协 同 节 点	交 织 长 度	协同增益
NoRN_S	HM，BCH，RSC	N	—	—	1
NoRN_T	PCBC，PCCC	$2N$	—	KM	1
DTC	HM，BCH，RSC	KN	接收节点 RN	KM	2
GMSJC	HM，BCH，RSC	N	接收节点 RN 和 K 个源节点 SN	KM	$K + 1$

2. 仿真结果

仿真结果如图 4.20 ~ 图 4.22 所示。

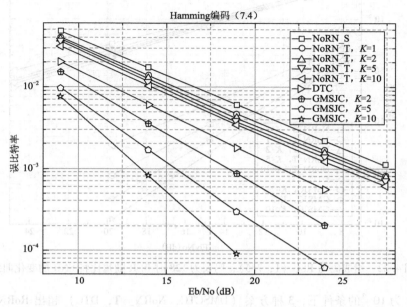

图 4.20　组成码为 Hamming（7，4）时 BER 随每比特 SNR 的变化曲线

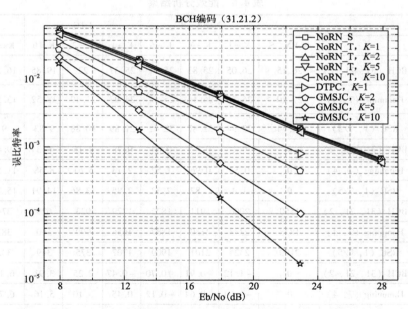

图 4.21　组成码为 BCH（31，21，2）时 BER 随每比特 SNR 的变化曲线

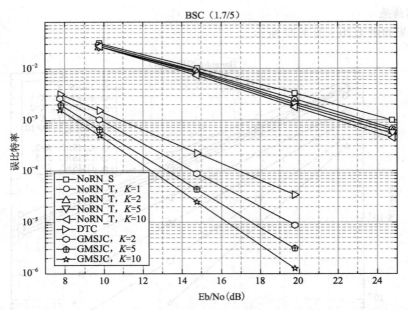

图 4.22　组成码为 RSC（1，7/5），码长为 128 时 BER 随每比特 SNR 的变化曲线

在 BER 为 10^{-3} 的条件下，3 种方案（DMSCTC，NoRN_ T，DTC）超出 RoRN_ S 方案所需的 SNR 和 SNR 增益如表 4.8 所示。

表 4.8　能效分析结果

			NoRN_ T			DTC			DMSCTC	
		NoRN_ S	K = 1	K = 3	K = 6	K = 1	K = 3	K = 6	K = 3	K = 6
误比特率 BER 为 10^{-3} 时所需的信噪比（dB）	BCH（31，21，2）	26. 15	26. 05	25. 83	25. 61	25. 37	22	19. 85	16. 35	14. 1
	Hamming（7，4）	27. 10	26. 56	26. 14	25. 58	24. 97	21. 49	18. 52	15. 52	13. 5
	RSC（1，7/5）	24. 74	23. 34	22. 87	22. 42	21. 89	10. 88	9. 83	9	8. 55
超过 NoRN_S 的信噪比增益（dB）	BCH（31，21，2）	0	0. 1	0. 32	0. 54	0. 78	4. 15	6. 3	9. 8	12. 05
	Hamming（7，4）	0	0. 54	0. 96	1. 52	2. 13	5. 61	8. 58	11. 58	13. 6
	RSC（1，7/5）	0	1. 4	1. 87	2. 32	2. 85	13. 86	14. 91	15. 74	16. 19
每比特的能耗（nW）	BCH（31，21，2）	1550	2006	1911	1822	1729	923	629	376	293
	Hamming（7，4）	1838	2333	2130	1887	1656	900	560	387	322
	RSC（1，7/5）	2100	2324	2101	1909	1707	375	349	332	324
超过 NoRN_S 的能量增益（dB）	BCH（31，21，2）	0	− 1. 12	− 0. 91	− 0. 70	− 0. 47	2. 25	3. 91	6. 15	7. 23
	Hamming（7，4）	0	− 1. 04	− 0. 64	− 0. 12	0. 45	3. 10	5. 16	6. 77	7. 56
	RSC（1，7/5）	0	− 0. 44	− 0. 01	0. 41	0. 90	7. 48	7. 80	8. 01	8. 12

通过上述仿真结果，可以得到如下结论。

（1）GMSJC 在整个 SNR 范围内，性能超出其他 3 种方案。随着活跃节点传感器数目的增加，其增益也增大。

（2）GMSJC 方案中的 SNR 增益主要来自于多传感器协同分集增益，传感器端的 FEC 带来的码增益是次要的，尤其当组分码是线性块码时。

（3）协同码增益也可以通过延迟辅助协同的形式获得。这一点可以从具有相同码字长度的 NoRN_T 和 DTC 的 SNR 增益对比中明显看出。从图 4.20 ~ 图 4.22 这三幅图和对比表中可见，DTC 要优于 NoRN_T 的 0.5 ~ 3.5dB 的 SNR 增益。

总的来说，多传感器协同编码和延迟协同可以显著改善 M2M 网络的误码性能。

3. 能效分析

考虑到 MTC BC 端通常是有外部电源供给的，且具有较为强大的计算能力，因此只需考虑 SN 端和 RN 端的能量消耗。通过前面的分析，3 种参考方案各自的单信息比特的能量消耗计算公式如下：

$$\overline{E}_{\text{NoRN\_S}} = \frac{1}{M} E_{\text{SN}}(N, d_{\text{SD}})$$

$$= \frac{1}{M} \left\{ N E_{\text{elec}} + N d_{\text{SD}}^2 E_{\text{amp,SN}}^{(\text{NoRN\_S})} + E_{\text{enc}} \right\}$$

$$\overline{E}_{\text{NoRN\_T}} = \frac{K}{KM} \left\{ 2 E_{\text{enc}} + E_{\text{Tx}}(2N - M, d_{\text{SD}}) \right\}$$

$$= \frac{1}{M} \left\{ 2 E_{\text{enc}} + (2N - M) E_{\text{elec}} + (2N - M) d_{\text{SD}}^2 E_{\text{amp,SN}}^{(\text{NoRN\_T})} \right\}$$

$$\overline{E}_{\text{DTC}} = \frac{1}{KM} \left[E_{\text{SN}}(KN, d_{\text{SD}}) + E_{\text{RN}}(KN, KM, d_{\text{RD}}) \right]$$

$$= \frac{1}{M} \left\{ 2 E_{\text{enc}} + E_{\text{dec}} + (3N - M) E_{\text{elec}} \right.$$
$$\left. + N d_{\text{SD}}^2 E_{\text{amp,SN}}^{(\text{DTC})} + (N - M) d_{\text{RD}}^2 E_{\text{amp,RN}}^{(\text{DTC})} \right\}$$

式中，$E_{\text{amp,SN}}^{(i)}$ 和 $E_{\text{amp,RN}}^{(i)}$，$i \in \{\text{NoRN\_S, NoRN\_T, DTC}\}$ 分别表示 SN 端和 RN 端的放大器的能量消耗。当采用理论分析或仿真计算得到每个实现方案的编码增益时，可以计算各方案的能效性能，各能效参数列表如表 4.9 所示。

表 4.9　能耗分析参数一览表

$d_{\text{SD}}^2 = d_{\text{RD}}^2$	10 000 m²
E_{enc}，E_{dec}	BCH (31, 21, 2)：1 nW，3 nW Hamming (7, 4)：1 nW，1nW RSC (1, 7/5)：18 nW，75 nW
E_{elec}	50 nJ/B
$E_{\text{amp,SN}}^{(\text{NoRN\_S})}$	100 pJ/B/m²

通过前述分析，可以得到如下结论：

仿真场景下，GMSJC 方案可以获得比其他 3 个方案更优的能效特性。举例来说，在（7，4）Hamming 窗和 6 个活跃节点的情况下，GMSJC 最多可以获得比 NoRN_S、NoRN_T 和 DTC 方案多 7.56、8.68 和 2.4dB 的能效增益。

随着一个 CC 中活跃传感器数目的增多，GMSJC 获得的能量节省值也增大。因为可以获得更高的协同增益和码增益。

在简单编码方案中，协同码增益并不总是能量有效的。例如，当一个簇中的活跃节点数目为 2 时，以 BCH（31，21，2）组成码构成的 DTC 方案比 NoRN_S 方案的能效要低0.47dB。原因在于，SN 节点的编码和解码的能量消耗并不能和码增益带来的能量节省相抵消。

本节给出了一种应用于大规模 M2M 通信网的灵活 GMSJC 方案。与常规的 DCC 方案不同的是，该方案在所有的 MTC 终端采用简单的 FEC 实现形式，在 CH 端采用低复杂度的多终端联合编码方案，在 MTC BS 端采用复杂的多终端 Turbo 解码方案。不但可以获得接近容量边界的码增益，同时可以提供全分集，灵活支持大范围的 QoS 需求，支持动态拓扑结构。

4.5 IEEE 802.15.4 用于 M2M 网络通信的有效性分析

M2M 技术可以以很少的人工干预或无人工干预实现机器设备间的直接通信，可以支持很多种应用，如智慧网格、智能家庭、消费电子、健康监考、安全监视、自动监控、远程维护控制等。未来预计有巨量的支持 M2M 通信的机器设备出现，无线网络在其中起着关键作用。

IEEE 802.15.4 主要是针对低功耗和低数据传输速率的设备间传输的协议，而 IEEE 802.11 主要是针对终端用户通信的协议。与另一个面向设备通信的标准——蓝牙相比，802.15.4 可以提供更低的功耗和更为灵活的组网形式。基于该协议，较低费用的设备和操作成本可以用来实现 M2M 通信。802.15.4 逐渐成为 M2M 应用中一个优选的无线网络实施方案。

未来的 M2M 应用将会支持大量的机器设备，要求无线网络能够提供有效的机器间通信和访问。本节的目的是分析 802.15.4 用于大规模 M2M 网络的有效性。对大规模的 M2M 网络来说，存在以下挑战。首先，大量的帧冲突可能发生并导致非常低的网络吞吐量和网络能效。其次，随着 M2M 设备数目的增多，有望紧密部署多个网络，可以存在隐藏终端。隐藏终端的存在，将会进一步弱化支持 M2M 网络的性能。隐藏终端问题在 802.11 中得以广泛研究，但在 802.15.4 中并未得以足够重视。

4.5.1 信道访问方案

在 IEEE 802.15.4 中，定义了两个信道访问方案，分别是灯塔模式下的防碰撞时隙 CSMA（CSMA-CA）和非灯塔模式下的非时隙算法。本节着重对前者进行分析。802.15.4 时隙 CSMA-CA 算法以避退时隙为单元进行处理，单个避退时隙长度为 20 个字符。根据对数据帧成功接收的确认，时隙 CSMA-CA 算法可以以两种模式运行：ACK 模式和非 ACK 模式（不准备发送一个 ACK 帧）。本节对后者加以分析。该模式下，网络中的每个设备在进行每次数据传递时要维护三个变量：NB、W 和 CW。NB 表示避让阶段，代表了在 CSMA-CA 方案中一个设备试图发送一个数据帧的重试避让时间；W 表示避让窗口，代表了一个设备在每个避让周期需要避让的时隙数目。CW 表示竞争窗口，代表了在一个空闲信道评估执行前所需的避让周期数目。在每个发射之前，设置 CW = 2。在空闲信道评估（Clear Channel Assessment，CCA）过程中，如果信道显示为忙碌，则重置 CW = 2。

在每个设备准备发射数据之前，设置 NB = 0，W = W$_0$。避让计数器在 $[0, W_0 - 1]$ 之间随机取数，在每个时隙降低直至为 0，W$_0$ 表示初始避让窗口尺寸。当避让计数器为 0 时，第一个 CCA（记为 CCA1）开始执行。如果在 CCA1 时信道为空闲的，CW 降低 1 个数，在

CCA1 后进行第二个 CCA（记为 CCA2）。如果在 CCA1 和 CCA2 时都是空闲的，那么该帧数据将会在下一时隙发送。如果在 CCA1 或 CCA2 时该信道忙碌，则重置 CW = 2，NB 增加 1 个数，W 翻倍但不超过 W_x，W_x 是由系统设置的最大避让窗口大小。如果 NB 小于或等于所允许的避让重试次数 m，则上述的避让处理和 CCA 重复进行。NB 超过 m 时，CSMA – CA 算法结束。

4.5.2 模型建立

如果多个 802.15.4 网络在一个临近区域相互独立运行时，各自的运行并不一致。存在多种并存场景，网络可能会产生互扰，可能不会产生互扰。此处假定两个 802.15.4 网络临近运行，考虑两种有代表性的场景来分析不一致运行对系统性能的影响。两个网络分别用 N1 和 N2 代表，表示以星形网络拓扑组成的人体区域网络协调器之外的基本设备数目。单个网络中所有的基本设备在通信范围中能够实现互联互通，仅考虑每个网络中从基本设备到网络协调器上行通信链路，每个数据帧具有固定的长度，需要 L 个时隙在信道中传输。MAC 层中的数据荷载固定在 L_d 个时隙，在 MAC 协议数据单元中以 MAC 荷载的形式传输。设定两个网络以非 ACK 模式采用相同的时隙 L 传输长度都为 L_d 的数据荷载，分析在饱和传输情况下的性能。饱和传输意味着每个设备持续不断地向协调器传输数据，并假设超帧仅由竞争接入时段（CAP）组成，以重点对 CSMA–CA 加以分析。

1. 场景 1

在该场景中，两个网络在相同频带信道中工作，各自的覆盖区域完全重叠，如图 4.23（a）所示。

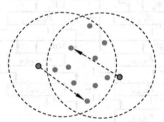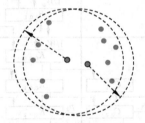

(a) 两个网络的基本设备可以通过   (b) 每个网络的基本设备无法通过
　　CCA探测到彼此的发射　　　　　　　CCA探测到其他网络的发射

图 4.23　完全覆盖情况下的网络通信范围示意图

每个网络有一个协调器，用于在超帧起始时广播发送信标帧。为简化问题，假定任一网络的信标可以被该网络所有的设备正确接收。两个网络共享整个信道频率，也就是说二者可以在 CCA 中探测到对方的发射信号。

2. 场景 2

该场景中，假定两个网络共享信道频率，在信标使能模式下，二者的覆盖范围完全重叠，如图 4.23（b）所示。任一网络中的基本设备仅能接收到自己网络内其他设备的发射信息，不能探测到其他网络中设备的发射信息。也就是说，每个设备的 CCA 探测不受另一个网络的信道行为的影响。虽然两个网络工作在相同信道频率上，但是两个网络中的基本设备相距较远，无法互相发送和接收数据。两个协调器是可以探测到所有基本设备的发射状况的。基于上述假设，隐终端在邻近网络中出现。当在信道访问部分产生重叠时，其他网络的数据可能会造成发送信道的冲突。

下面基于上述两个场景进行系统建模，并分析帧损坏和帧冲突概率。

（1）帧损坏概率：工作在 2.4GHz 的 IEEE 802.15.4 的物理层采用偏移正交相移键控（O–QPSK）调制方式。设 P_{rx}、P_{no}、P_{int} 分别表示 802.15.4 接收端的信号功率，噪声功率和干扰功率，则节点的 SINR 和 BER 可以通过下式计算：

$$SINR = 10\log_{10}\frac{P_{rx}}{P_{no} + P_{int}} + P_{gain}$$

$$p_b = Q(\sqrt{2\alpha SINR})$$

式中，P_{gain} 表示处理增益；$\alpha = 0.85$，$Q(x)$ 表示 Q 函数。在 O–QPSK 调制下，数据传输速率设为 250 kbit/s，比特数据被每个符号调制，符率为每秒 62 500 个符号。每个时隙取走 20 个符号，则每个数据帧 L 个时隙有 $4 \times 20 \times L = 80L$ 比特。帧损坏率可以通过下式进行计算

$$p_{corr} = 1 - (1 - p_b)^{80L}$$

（2）帧冲突概率：采用上述的参考模型，每个设备感测的总体信道状态可以通过一个网络的更新过程来建模，以一个空闲周期开始，之后是固定长度的 L 个时隙（帧传输）。举例来说，$m = 0$ 的马尔科夫链如图 4.24 所示。

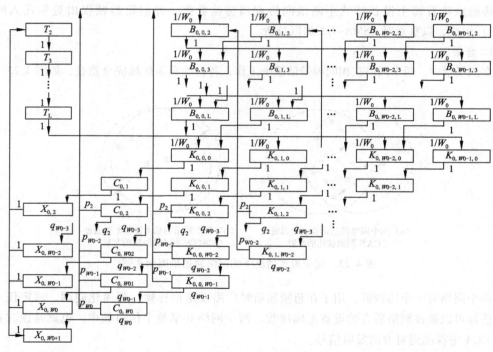

图 4.24　CSMA–CA 算法的马尔科夫链模型（单一网络中，$m = 0$，非 ACK 模式）

图 4.24 可以扩展至 $m > 0$ 的情况。空闲周期取决于每个设备的随机避让时隙和传输行为。空闲时隙的最大数目是 $W_x - 1$ 再加上两个时隙 CCA。另一方面，每个单一设备上的时隙 CS-MA–CA 处理可以用一个有限状态的马尔科夫链来建模。在一个常规避让时隙中，基本设备的传输概率可以通过马尔科夫链进行计算获得。

不失一般性，考虑 NET1 网络和该网络中一个标记的基本设备。对该设备而言，对应的马尔科夫链包括若干个状态，每个状态对应于 CSMA–CA 算法中的一个状态。令 $\overline{M}$ 表示马尔科

射频通信系统

夫状态空间中一般状态 M 的稳态概率，下面的推导过程中假定 NET1 和 NET2 具有相同的 MAC 参数。马尔科夫链的状态如下描述。

（1）忙碌状态：记为 $B_{i,j,l}$，该状态中，至少一个非标签基本设备传输一个数据帧（有 L 个时隙的）的第 1 部分，该标签基本设备的避让阶段和避让计数器分别用 i 和 j 表示，其中 $i \in [0, m]$，$j \in [0, W_i - 1]$，$l \in [2, L]$，W_i 是 $2^i W_0$ 和 W_m 中的较小的值。根据前述分析，有下式成立：

$$\overline{B}_{0,j,2} = \sum_{k=2}^{W_0-1} p_k \overline{K}_{0,j+1,k} + \frac{1}{W_0} \sum_{k=2}^{W_m} p_k (\overline{K}_{m,0,k} + \overline{C}_{m,k}), i = 0, j \in [0, W_0 - 1]$$

$$\overline{B}_{i,j,2} = \sum_{k=2}^{W_i-1} p_k \overline{K}_{i,j+1,k} + \frac{1}{W_i} \sum_{k=2}^{W_i-1} p_k (\overline{K}_{i-1,0,k} + \overline{C}_{i-1,k}), i \in [1, m], j \in [0, W_i - 1]$$

$$\overline{B}_{0,j,l} = \begin{cases} \overline{B}_{0,j+1,l-1} + \dfrac{\overline{B}_{m,0,l-1}}{W_0}, & i = 0, j \in [0, W_i - 1]; \\ \overline{B}_{i,j+1,l-1} + \dfrac{\overline{B}_{i-1,0,l-1}}{W_i}, & i \in [1, m], j \in [0, W_i - 1]. \end{cases}$$

（2）避让状态：记为 $K_{i,j,k}$，该状态中，标签基本设备在最后一次发射后经过 k 个空闲时隙，在第 i 个避让阶段，避让计数器为 j 时进行避让，其中 $i \in [0, m]$，$j \in [0, W_i - 1]$，$k \in [0, W_i - 1]$。有下式成立：

$$\overline{K}_{0,j,0} = \overline{B}_{0,j+1,L} + (\overline{B}_{m,0,L} + \overline{T}_L)/W_0 \quad, i = 0, j \in [0, W_0 - 1]$$

$$\overline{K}_{i,j,0} = \overline{B}_{i,j+1,L} + \overline{B}_{i-1,0,L}/W_i \quad, i \in [1, m], j \in [0, W_i - 1]$$

$$\overline{K}_{i,j,k} = \begin{cases} \overline{K}_{i,j+1,k-1} & , k \in [1, 2] \\ (1 - p_{k-1}) \overline{K}_{i,j+1,k-1} & , 3 \leqslant k \leqslant W_i - 1 \end{cases}$$

（3）感知状态：记为 $C_{i,k}$，该状态中，标签基本设备在最后一次发射后经过 k 个空闲时隙，在第 i 个避让阶段，进行 CCA2。其中，$i \in [0, m]$，$k \in [1, W_i]$。有下式成立：

$$\overline{C}_{i,k} = \begin{cases} \overline{K}_{i,0,k-1} & , k \in [1, 2] \\ (1 - p_{k-1}) \overline{K}_{i,0,k-1} & , k \in [3, W_1] \end{cases}$$

（4）初始化传输状态：记为 $X_{i,k}$，该状态中，标签基本设备在最后一次发射后经过 $k \in [2, W_i + 1]$ 个空闲时隙，在避让阶段为 $i \in [0, m]$ 时，准备发射一帧数据，有下式

$$\overline{X}_{i,k} = \begin{cases} \overline{C}_{i,k-1} & , k = 2 \\ (1 - p_{k-1}) \overline{C}_{i,k-1} & , k \in [3, W_i + 1] \end{cases}$$

（5）传输状态：记为 T_l，该状态中，标签基本设备发送一帧数据中的第 1 部分，其中 $l \in [2, L]$。第一部分在状态 $X_{i,k}$ 中发送，有下式

$$\overline{T}_l = \begin{cases} \displaystyle\sum_{i=0}^{m} \sum_{k=2}^{W_i+1} \overline{X}_{i,k} & , l = 2 \\ \overline{T}_{l-1} & , l \in [3, L] \end{cases}$$

最后一次传输后，经过 k 个空闲时隙，标签基本设备的发送概率 τ_k 在 $k \in [2, W_x + 1]$ 时，可以用下式进行计算

$$\tau_k = \frac{\sum_{i=0}^{m} \overline{X}_{i,k}}{\sum_{i=0}^{m} \left[\overline{X}_{i,k} + \overline{C}_{i,k} + \sum_{j=0}^{W_i-1} \overline{K}_{i,j,k} \right]}$$

$k \in [0,1]$ 时，$\tau_k = 0$。

在场景 1 中，可以计算出通道忙碌概率 p_k^I（$p_{1,k}^I$ 和 $p_{2,k}^I$ 分别表示 NET1 和 NET2）为

$$p_{1,k}^I = 1 - (1 - \tau_{1,k})^{N_1 + N_2 - 1}$$

$$p_{2,k}^I = 1 - (1 - \tau_{2,k})^{N_2 + N_2 - 1}$$

基于上述的稳态概率表达式和 $p_{1,k}^I$、$p_{2,k}^I$ 的推导结果，可以对标签基本设备的马尔科夫链进行数值求解。对场景 1 来说，整体网络吞吐量可以表示为

$$S^I = L_d(N_1 + N_2) \sum_{i=0}^{m} \sum_{k=1}^{W_i} \overline{C}_{1,i,k-1} (1 - p_{1,k-1}^I)(1 - p_{1,k}^I)(1 - p_{corr})$$

单一网络吞吐量可以表示为

$$S_n^I = \frac{S^I N_n}{N_1 + N_2}, \quad n = 1, 2$$

采用归一化能量假设模型，在一个时隙中传输一帧数据的能量消耗（用 E_t 表示）和在一个时隙中执行一次 CCA 的能量消耗（用 E_c 表示）分别设定为 0.01 和 0.011 35 mJ。定义 η_n 表示场景 1 中的 NET1 和 NET2 的归一化能量消耗，计算如下：

$$\eta_n^I = \frac{N_n}{S_n^I} \sum_{i=0}^{m} \left\{ \sum_{l=2}^{L} E_c B_{n,i,0,l} + \sum_{k=0}^{W_i+1} \left[E_c (K_{n,i,0,k} + C_{n,i,k}) + L E_t X_{n,i,k} \right] \right\}, \quad n = 1,2$$

在场景 2 中，通道访问并不受另一个网络通道行为的影响。该场景中，一个网络对另一个网络发送数据的影响，仅对帧接收的结果有影响。如果该标签设备发送到协调器的帧数据没有与同一网络中来自其他设备的帧数据相冲突，它仍然会受到其他网络帧数据的冲突。图 4.25 所示为场景 2 中的非协同处理的示意图。

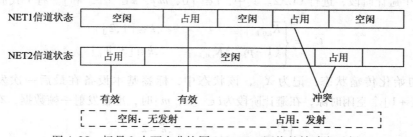

图 4.25　场景 2 中两个非协同 802.15.4 网络的帧冲突示例

下面对正确的帧接收概率进行计算，该概率取决于两个网络的发送数据概率。场景 2 中的 NET1 和 NET2 的信道忙碌概率分别为

$$p_{1,k}^{II} = 1 - (1 - \tau_{1,k})^{N_1 - 1}$$

$$p_{2,k}^{II} = 1 - (1 - \tau_{2,k})^{N_2 - 1}$$

基于马尔科夫模型，可以计算 NET2 的重新发射概率 $\tau_{2,k}$。NET2 中，某次发射之前的 k 个空闲时隙的概率可以表示为

$$p_{2,\text{idle},k} = \begin{cases} 1 - (1 - \tau_{2,k})^{N_2} & ,k = 2 \\ (1 - (1 - \tau_{2,k})^{N_2}) \prod_{z=2}^{k-1} (1 - \tau_{2,z})^{N_2} & ,k \in [3, W_x + 1] \end{cases}$$

当 $k \in [0, 1]$ 时，$p_{2,\text{idle},k} = 0$。

对 NET2 中的 k 个空闲时隙后的每次发射而言，有一个概率 $p_{2,\text{suc},k}$，表示 NET1 的独立发射行为不会与 NET2 中的发射产生冲突。仅当 NET2 中的空闲时隙 k 大于等于 NET1 中的发送数据长度 L_1 时，$p_{2,\text{suc},k}$ 才会大于 0。NET1 中数据帧和 NET2 中数据帧的碰撞冲突示意图如图 4.26 所示。

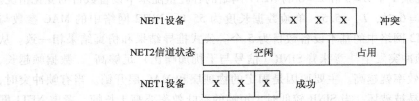

图 4.26　NET2 的帧对 NET1 网络的发射有/无冲突的示意图

当 $k \in [2, W_x + 1]$ 时，计算 $p_{2,\text{suc},k}$ 如下式

$$p_{2,\text{suc},k} = \begin{cases} 0 & ,k < L_1 \\ \dfrac{k - L_1 + 1}{k} & ,k \geqslant L_1 \end{cases}$$

NET1 中发射与 NET2 中发射不产生冲突的平均概率 $p_{2,\text{suc},\text{avg}}$ 可以表示为

$$p_{2,\text{suc},\text{avg}} = \frac{\sum\limits_{k=2}^{W_x+1} k \cdot p_{2,\text{idle},k} \cdot p_{2,\text{suc},k}}{\sum\limits_{k=2}^{W_x+1} (k + L_2) \cdot p_{2,\text{idle},k}}$$

式中，L_2 表示 NET2 中的发送数据长度。

从而，可以计算得到场景 2 中 NET1 的数据吞吐量为

$$S_1^{\mathrm{II}} = N_1 L_d \sum_{i=0}^{m} \sum_{k=1}^{W_i} \overline{C}_{1,i,k-1} (1 - p_{1,k-1})(1 - p_{1,k})(1 - p_{\text{corr}}) p_{2,\text{suc},\text{avg}}$$

用相同的处理方法，可以得到场景 2 中 NET2 的数据吞吐量为

$$S_2^{\mathrm{II}} = N_2 L_d \sum_{i=0}^{m} \sum_{k=1}^{W_i} \overline{C}_{2,i,k-1} (1 - p_{2,k-1})(1 - p_{2,k})(1 - p_{\text{corr}}) p_{1,\text{suc},\text{avg}}$$

总的网络吞吐量可以表示为以上两式之和的形式。场景 2 中的 NET1 和 NET2 的归一化能量消耗可以表示为

$$\eta_n^{\mathrm{II}} = \frac{N_n}{S_n^{\mathrm{II}}} \sum_{i=0}^{m} \left\{ \sum_{l=2}^{L} E_c B_{n,i,0,l} + \sum_{k=0}^{W_i+1} \left[E_c (K_{n,i,0,k} + C_{n,i,k}) + L E_t X_{n,i,k} \right] \right\}, n = 1, 2$$

4.5.3　数值仿真和性能分析

设计了一个离散事件模拟器来进行非协作 IEEE 802.15.4 网络的冲突模拟，验证了前述的分析模型。考虑一个 IEEE 802.15.4 网络，其物理层（PHY）工作频宽为 2 400 ~

2 483.5 MHz，调制方式为 O-QPSK，每个符号用 4 个字节表示，数据传输速率为 250 kbit/s，符率为每秒 62 500 符。每个时隙取走 20 个符号，每秒最多有 3 000 个时隙的数据能够成功传输。前述结果是基于 NET1 网络中默认的 MAC 参数：$W_0 = 2^3$，$W_x = 2^5$，$m = 4$。NET2 网络中的 M2M 设备和 MAC 参数进行了改变，用来分析来自于 NET2 的非协同行为的影响。数据帧头 L_b 占 1.5 个时隙，数据长度为 $L = L_d + L_b$。假定两个网络的发送数据帧有相同的数据长度 L。图 4.27 ~ 图 4.31 各图中的每次仿真结果是从 20 次仿真中取平均值得到的，发送了 10^5 个数据帧。对有帧冲突和没有帧冲突的结果进行了对比分析。在帧冲突的仿真汇总，SINR 取为 6 dB。

图 4.27 给出了场景 1 中 $L = 3$ 和 $L = 6$ 的 NET1 网络的吞吐量随基本设备数目的变化情况。$L = 3$ 时，$L_d = 1.5$，$L = 6$ 时，$L_d = 5.5$，单帧数据长度为 55 B。NET2 网络中的 MAC 参数与 NET1 中的相同，NET2 网络中的基本设备数目为 5 个。公式推导结果和仿真结果相一致。从图 4.27 可见，没有帧冲突发生［意味着 SINR（信号与干扰加噪比）足够高］。数据帧越长，信道访问方案的吞吐效率就越高。主要原因是固定的物理层和 MAC 层开销。当有帧冲突时，数据帧越长，帧就越易被破坏。当 SINR 较低时，短帧的吞吐效率要高于长帧。考虑 NET1 网络中的 20 个 M2M 设备，没有帧冲突时，NET1 的吞吐量定量为 0.06。SINR = 6 dB，$L = 3$ 时的吞吐量为 0.05。这意味着，在 1s 内最多分别有 60 和 50 个数据消息被成功发送。NET1 网络中的每个 M2M 设备，在帧冲突和没有帧冲突的情况下，最多 1 s 发送 3 个和 2.5 个数据消息，数据消息的长度为 $L = 3$。这样的性能可以被 M2M 应用所接受。例如，每个智能仪表需要每秒发送一些仪表数据消息。当系统中有很多 M2M 设备或 SINR 较低时，NET1 网络的吞吐量进一步下降。

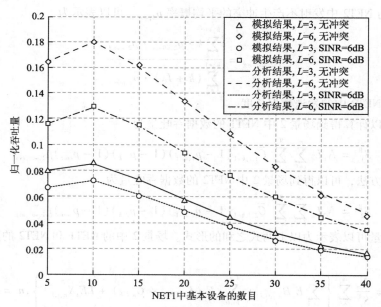

图 4.27　SINR = 6，$L = 3$ 和 6 个时隙时，场景 1 中 NET1 的吞吐量曲线
（NET2 中有 5 个设备，$BE_{min} = 3$，起始避让窗口 $W_0 = 2^3$）

场景 2 中 NET1 的吞吐量随基本设备数目的变化情况如图 4.28 所示。NET2 网络有 5 个

设备，当 $BE_{\min}=3$，$L=3$，在没有任何帧冲突的情况下，NET1 网络中仅有 5 个设备，其吞吐量下降至 0.04 以下。当帧长度 $L=6$ 时，吞吐量下降的更为严重。从图 4.28 也可看出，理论分析结果和仿真结果是一致的。考虑 NET1 网络中有 10 个 M2M 设备，没有帧冲突的时候，其吞吐量是 0.01。当 SINR = 6 dB 时，吞吐量为 0.007。这意味着，在有帧冲突和没有帧冲突的情况下，NET1 网络中的每个 M2M 设备最多可以分别传递 0.5 和 0.35 个数据信息。对场景 2 来说，802.15.4 网络的非协同工作对该协议应用于 M2M 通信的有效性有着严重的影响。

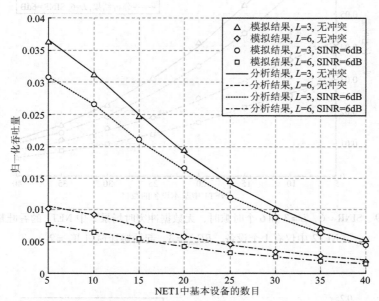

图 4.28　SINR = 6，$L=3$ 和 6 个时隙时，无数据冲突时场景 2 中 NET1 的吞吐量曲线
（NET2 中有 5 个设备，$BE_{\min}=3$，起始避让窗口 $W_0=2^3$）

在场景 2 中，当 NET2 网络中仅有一个基本设备时，NET1 网络的吞吐量随基本设备的数目变化情况如图 4.29、图 4.30 所示。分别设计了两个避让窗口 $BE_{\min}=3$ 和 $BE_{\min}=5$，用来分析 NET2 对 NET1 性能的影响。$BE_{\min}=3$ 时，与场景 1 相比，NET1 的吞吐量仍然很低，但是比前面的 NET2 中有 5 个基本设备的情况又好很多。随着随机避让窗口的增大，在没有帧冲突的情况下，NET1 的吞吐量可以增大到 0.2，此时其帧长度 $L=6$。NET1 网络中，$L=3$ 时的吞吐量比 $L=6$ 时的吞吐量要低，和之前分析的 NET2 中有 5 个基本设备时的情形相反。

随着 NET2 网络中随机避让窗口的增多，场景 2 中 NET1 的吞吐量显著提高。这一点是容易理解的，随着 NET2 中随机避让窗口的增多，将会显著降低 NET1 和 NET2 数据帧之间的冲突概率。这种提高是以增大传输时延为代价的。

当 NET2 中仅有一个基本设备，取 $BE_{\min}=5$ 时，场景 2 中的 NET1 网络的能量消耗曲线如图 4.31 所示。随着 NET1 网络中 M2M 设备数目的增多，其能量消耗显著增大，难以支持 M2M 应用。此外，非协同处理和帧冲突也都可以导致能耗的显著增大。

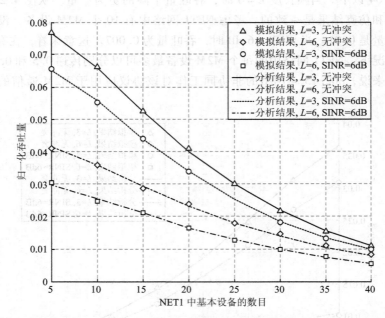

图 4.29　SINR = 6，$L = 3$ 和 6 个时隙时，无数据冲突时场景 2 中 NET1 的吞吐量曲线
（NET2 中仅有 1 个设备，$BE_{min} = 3$，起始避让窗口 $W_0 = 2^3$）

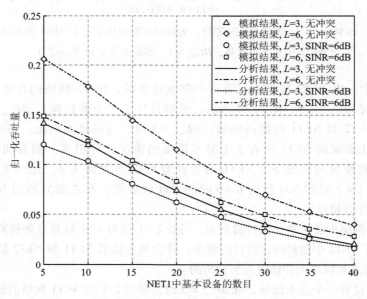

图 4.30　SINR = 6，$L = 3$ 和 6 个时隙时，无数据冲突时场景 2 中 NET1 的吞吐量曲线
（NET2 中仅有 1 个设备，$BE_{min} = 5$，起始避让窗口 $W_0 = 2^5$）

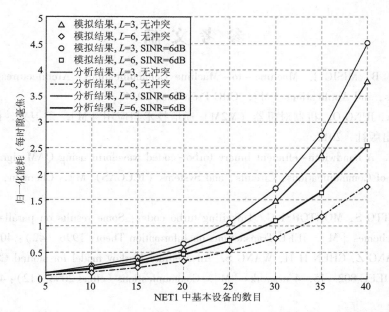

图 4.31　SINR＝6，$L=3$ 和 6 个时隙时，无数据冲突时场景 2 中 NET1 的能耗曲线

（NET2 中仅有 1 个设备，$BE_{min}=5$，起始避让窗口 $W_0=2^5$）

小　结

　　本节采用理论分析和仿真计算的方法，研究了 IEEE 802.15.4 应用于 M2M 通信的可行性，重点分析了隐节点和帧冲突对系统性能和 M2M 应用支持能力的影响。数值仿真结果显示，随着 M2M 设备的增多，即使在没有帧冲突的情况下，网络的性能也会严重下降。由于非协同的网络行为，当隐节点存在的时候，一些 M2M 应用的 QoS 并不能够被满足。后续的工作将会研究更多应用场景和更多 QoS 需求情况下的 802.15.4 网络的有效性问题，并研究共存 IEEE 802.15.4 网络的协同工作方案。

思考与练习

　　1. 简述 M2M 通信与 IoT 的区别与联系。

　　2. 简述现有的 M2M 通信标准，对比分析各自的关键工作参数。

　　3. 简述 GMSJC 采用的编码方案，并分析该方案和其他编码方案有何不同。

　　4. 分析 IEEE 802.15.4 协议应用于 M2M 通信的可行性和有效性。

　　5. 结合某个 M2M 应用实例，分析 M2M 通信网络的系统构架、通信协议方式和通信容量。

　　6. 对比分析 M2M 通信和 WBAN 系统在传感器数据传输、网络结构、通信协议等方面的设计准则。

参 考 文 献

[1] MISIC V B, MISIC J. Machine – to – Machine Communications: Architectures, Technology, Standards, and Applications [M]. CRC Press Inc, 2014.

[2] GLANZ A, JUNG O. 机器对机器（M2M）通信技术与应用 [M]. 翁卫兵，译. 北京：国防工业出版社，2011.

[3] WANG C. A bandwidth – efficient binary turbo – coded waveform using QAM signaling. In Proceedings of Communications, Circuits, and Systems (ICCCAS)[M]. Chengdu, China, 2002: 37–41.

[4] BENEDETTO S, MONTORSI G. Unveiling turbo codes: Some results on parallel concatenated coding schemes [M]. IEEE Transactions on Information Theory 1996（42）：409–428.

[5] HE J, TANG Z, CHEN H H, WANG S. An accurate Markov model for slotted CSMA/CA algorithm in IEEE 802. 15. 4 networks [M]. Communications Letters 2008（12）：420–422.

第 5 章 量子通信系统

5.1 量子通信系统概述

随着数学、物理、通信与计算机等领域的交叉结合，量子信息科学快速发展。由于量子特性在信息领域中有着独特的功能，在提高运算速度、确保信息安全、增大信息容量和提高检测精度等方面可以突破现有的经典信息系统的极限。其中，近二十年才发展起来的新型交叉学科——量子通信是用量子纠缠效应进行信息传递的一种新型的通信方式，也是信息理论和量子力学相结合的研究新领域。量子通信主要涉及：量子密码、量子保密通信、隐形传态和量子超密编码等，近年来这门学科已逐步从理论走向实验，并向实用化方向发展。

本节将分别从量子密码通信系统、量子网络通信技术、非最大纠缠量子通信技术、超纠缠量子通信技术、混杂纠缠量子通信技术、量子通信与光网络的融合机理及实现、量子通信系统安全机制等方面介绍量子通信系统的核心技术。

5.1.1 量子密码通信系统

量子密码通信领域的第一个协议是由 Bennett 和 Brassard 提出的，他们利用单量子态提出了密钥传输的 BB84 协议；然后 Ekert 基于 EPR 关联对和 Bell 不等式提出了 Ekert 协议；Bennett 等人利用非正交量子态设计了 B92 协议。与此同时，Barnett 等人分析了上述协议的局限性和安全性。Bennett 在 1993 年首次提出了量子通信的概念；随后，来自不同国家的 6 位科学家又提出了利用量子信息与经典信息相结合的方法实现的隐形传送方案。从技术方面来看，目前有两种方式实现量子保密通信，即基于共轭编码的单光子量子通信和基于纠缠光子的量子通信。从应用方面来看，许多原型系统和产品相继问世。

在量子网络通信技术方面，量子网络是一类遵循量子力学规律，进行高速数学和逻辑运算、存储及处理的量子信息物理装置。2002 年 7 月日内瓦 ID Quantique 公司在长达 67 km 的光纤上实现了单光子通信；2005 年 11 月，该公司把量子通信系统作为商品销售，其最远通信距离达到 100 km，检测码率在 25 km 处大于 1.5 kbit/s；日本三菱和东芝等公司都在开展量子信息方面的技术研发与产品开发等方面的工作。2006 年，美国 Los Alamos 实验室基于诱骗态方案现了能确保绝对安全的 107 km 光纤量子通信实验。2008 年 10 月 8 日，欧盟"基于量子密码学的全球安全通信网络开发项目"（SECOQC）在维也纳试开通了 8 个用户的量子密码网络。同年，日本东芝欧洲研究所的量子密码传输速率提高了百倍，相距 20 km 时传输速率为 1.02 Mbit/s，相距 100 km 时传输速率达到 10.1 kbit/s。国内量子通信方面的理论研究起步虽然较晚，但在实验上与国外几乎同步进行。中国科学院物理研究所于 1995 年以 BB84 方案在国内首次做了演示性实验。2006 年，中国科技大学微尺度物质科学国家实验室实现了 13 km 自由空间纠缠光子分发。2009 年，清华大学与中国科技大学合作实现了诱骗态量子密钥分发装置。2010 年，中国科技大学的实验室小组架设了长达 16 km 的自由空间量子信道实现了北京八达岭与河北怀来的通信，并在 2011 年，通过成功完成世界上最远距离的量子态隐形传态，证明了量子态隐形传态穿越大气层的可行性。与此同时，全量子网络作为将来通信网络的发展方向，也得到了越来越多的学者重视，这种由量子传输通道和量子结点组成的复杂信息网络应用了量子物理特性，可突破现有网络物理极限，具有更强的信息传输和处理能力。截止至 2011 年，全球已建成的量子网络雏形光纤通信距离将达到 380 km，存储速度在 0.1 ~ 0.5 s 之间。国内外的实验研究使得量子通信理论和实现方法研究取得了突破性的进展，为加快实用化量子通信技术研究，占领信息技术前沿领域制高点提供了契机。量子网络通信技术不仅是当今的研究热点，而且随着通信网络向全量子网络的发展，对于量子网络通信技术研究的需求也将急速增加，研究量子网络通信技术将是一个具有实际研究价值的方向。

5.1.2　非最大纠缠量子通信技术

近年来，基于非最大纠缠信道的量子通信受到了学者的广泛关注。一方面，利用非最大纠缠态进行各种量子通信的方案陆续被提出和加以改进，其中，许多方案已经被学者们进行了实验上的验证；另一方面，通过对非最大纠缠机理研究，学者们对量子纠缠、空间非定域性、量子消相干等量子力学本质问题也有了更深刻认识。2005 年，李万里等人提出了一个利用部分纠缠的非最大纠缠粒子对构成的量子信道来传递单粒子态的量子通信方案，该方案指出在信息的传送过程中，发送者操作一个满足纠缠匹配的测量，就会以很大的概率成功实现量子隐形传态。2006 年，郑亦庄等人对非最大纠缠量子信道进行了改进，完成了基于三粒子纠缠 W 态的量子通信方案。2007 年，郭光灿小组又用光子作为辅助粒子，通过非最大纠缠粒子与光场的相互作用实现了远程量子通信。2008 年，Roa 等人利用非最大纠缠量子信道，计算了希尔伯特空间上非正交态的平均保真度，并设计实验验证了它的可靠性。2009 年，Shimizu 等人利用非最大纠缠量子态，提出了一种新型的量子密钥分发方案，方案中可以利用非最大纠缠态的不易区分性来保障通信密钥分发的安全性。2010 年，温巧燕等人发现上述方案在应对相关萃取攻击（Correlation-Elicitation Attack）时存在安全漏洞，并提出了解决方案。非最大纠缠技术是一种具有普遍代表性的一般化纠缠态，以其很难区分的特性，提高了量子通信的安全，目前这种技术被越来越多的学者应用于量子安全通信协议中。

5.1.3　超纠缠量子通信技术

超纠缠技术（Hyper-Entanglement）是在 Hillbert 空间中，对量子系统中的 Bell 态粒子的多个自由度独立地进行测量操作，从而完成 Bell 态识别的一种量子纠缠操作技术。自从英国的 Kwait 课题组首次利用动量纠缠以及极化纠缠对正交 Bell 态进行测量后，超纠缠技术逐渐引起了学者的关注。2005 年，哈佛大学的 Walborn 研究小组提出了一种利用超纠缠态来进行完全极化 Bell 态测量分拣的方案，在此方案及随后的试验中，他们成功地利用动量纠缠自由度完成了作用粒子极化 Bell 态测量操作，同时证明了通过极化纠缠态可以对动量纠缠态进行无损的分拣操作。2006 年，Weinfurter 等人成功地完成了基于极化时间自由度以及基于极化动量自由度的超纠缠 Bell 态测量操作。2008 年，Kwait 等人利用极化角动量超纠缠 Bell 态粒子对量子通信中的线形光子超密编码的信道极限容量进行了分析，并证明了在超纠缠 Bell 态的帮助下，其信道容量较原始信道容量有 8.5% 的有效增益。2010 年，Li 利用超纠缠原理设计了一个高效的纠缠提纯协议（Entanglement Purification），此协议利用三维纠缠态作为辅助粒子，成功地完成了双粒子纠缠态的提纯过程；随后，龙桂鲁等人提出了一种利用克尔非线性对超纠缠 Bell 态进行完全区分纠缠态的方法并将其成功的应用到基于超纠缠的纠缠交换操作的设计方案。2011 年，邓富国等人提出了一种在纠缠交换中对多极化纠缠 GHZ 信道进行进一步错误校正的方案，此方案中，通信的双方都可以从 N 粒子系统中无差错地恢复出待传输的最大纠缠粒子；同时，She 等人提出了一种制备多粒子超纠缠 GHZ 态的方法，在这种 GHZ 态中，这些粒子依据角动量及线性动量的独立的不同自由度来进行测量操作。超纠缠技术不仅可以用于在量子通信网络中进行收发方向的未知量子态的长程传输，而且其多自由度的特性亦可应用于量子网络通信来提高量子信道容量，增强量子网络通信的安全性。随着时代的发展，现代通信理论也已经对网络通信有了更高的要求（如高数据传输速率和高安全性），量子超纠缠技术的优势正被越来越多的学者认识。

5.1.4　混杂纠缠量子通信技术

混杂纠缠（Hybrid Entanglement）同超纠缠类似，也是对量子系统中的纠缠态粒子的多个自由度同时进行纠缠操作及测量，但不同的是自由度之间不是直积态，而是处于混合态。1998 年，Boschi 等人证实了极化（Polarization）自由度和动量（Momentum）自由度上的纠缠；2001 年，Ralmond 等人在实验中验证了原子自旋和光子自旋之间的混杂纠缠；2003 年，Hasegawa 等人基于混杂纠缠将极化纠缠转化成路径纠缠（Path Entanglment）；2007 年，Vallone 等人在实验室实现了两光子四粒子簇的路径和极化混杂纠缠；2008 年，Barreiro 等人证明了一个粒子的极化自由度和轨角动量（Orbit Angular Momentum）自由度之间的纠缠；2010 年，Brask 等人设计了混杂纠缠分发协议，提出了实现长距离纠缠分发的混杂量子中继方案；2009 年，Warks 等人设计了混杂纠缠提纯方案；2011 年，Chen 等人提出了混杂纠缠交换，设计了制备两光子轨道角动量 Bell 态和多光子多维轨道角动量 GHZ 态提纯方案。混杂纠缠技术具有超纠缠技术一样的多自由度纠缠特性，不仅可以在量子通信网络中进行收发方向的未知量子态的长程传输，而且具有多自由度的特性，可用来提高量子信道的容量，增强量子网络通信的安全性；同时由于混杂纠缠态也具有类似 Bell 测量方案，它还能用于通过检测信道来提高量子通信系统的安全性。

5.1.5　量子通信与光网络融合机理及实现

1995 年，英国 Townsend 课题组实现了无源光网络（PON）中的量子密钥分配。1996 年，Bihim 等人实现了网络中任意两个用户间的量子密钥分配，他们利用的是量子交换技术。2002 年，BBN 公司联合波士顿大学与哈佛大学共同开展了互联网和量子保密通信相结合的五年试验计划，实现了基于量子保密通信的 10 节点互联网通信，虽然研究者将端对端的通信延伸到了量子网络通信，但是该系统仍属于量子密钥分发的范畴。2003 年，奥地利学者通过在远离地面的真空环境下实现低轨道卫星、高轨道卫星与地面间的量子光通信，实现了全球范围内的量子光通信网络。随后，上海交通大学提出了在平流层实现自由空间量子光通信的构想，并对量子光信号的传输特性和信道特性进行了一系列详细的阐述。此外，曾贵华等人在2007年还提出了一个基于纠缠的数据链路层量子通信协议，目的在于利用量子纠缠关联性提高现有光网络传输效率。2010年，在芜湖的多层级量子政务网搭建成功，将量子密钥分发技术与光网络成功的融合，使得量子保密通信技术实用化进程推进了一大步。2011年，我国开始筹建第一个全量子网络，预计五年内可以完成。量子通信与光网络融合主要探讨如何在光网络中实现量子保密通信，这一研究为量子通信的实用化提供了基础。目前，对 PON 网络技术的研究已经趋于成熟，但是对其通信安全研究仍然欠缺。因此，将量子通信与 PON 网络融合，有效地解决了 PON（Passive Optical Network，无源光纤网络）的安全通信问题，不仅是 PON 网络未来安全方面的研究趋势，也是量子安全通信关于实用化的研究动向。

5.1.6　量子通信系统安全机制

　　Lo 指出对量子通信系统攻击行为的研究与量子通信系统安全性的研究同等重要。只有对协议在不同攻击下的安全性进行研究，才能从科学的角度确保通信安全性。目前，对于量子通信系统所采用的攻击方式包括中间人攻击、纠缠交换攻击、隐形传态攻击、超密编码攻击、信道丢失攻击、拒绝服务攻击（DoS）、纠缠粒子相关性萃取攻击（Correlation Extractability）、特洛伊木马攻击以及参与者攻击等。为了防御这些攻击策略，学者们提出了许多量子密码方案。量子密码通信致力于解决量子通信系统安全问题，它成功地解决了传统密码学中单靠数学无法解决的问题，引起了密码学界和物理学界的高度重视，各国科学家纷纷开展研究并取得了巨大成功。为了确保量子通信的安全，一方面，学者们致力于量子密码方案研究，包括量子秘密共享、量子匿名通信、量子认证和量子签名等；另一方面，对于量子信道安全问题的研究也在如火如荼地进行中。此外，最初的量子信息安全分析的方法都是针对离散变量（如自旋和极化）的量子体系提出的，近几年，连续变量（如动量和位置）的量子安全通信系统构造方法引起了广泛的关注，如基于连续变量体系的量子隐形传态、量子克隆、量子认证、量子秘密共享等方案被相继提出。总之，考虑如何提高量子通信系统安全性的问题一直是近年来的研究热点。

5.2　量子通信基本原理及特点

　　量子通信是近二十年发展起来的一种新型通信技术，它利用量子特性提高通信的保密性。所谓量子通信，就是可以利用量子系统的基本性质在信息传播方面有现实的应用。值得强调的是量子通信的安全性不基于计算的复杂性，而根植于量子物理的基本特性，这就形成了量子通信与经典通信的典型不同之处。

　　本节分别从量子通信系统模型、量子信道、量子密钥分发系统、量子隐形传态、量子密集编码、量子通信网络等方面入手，介绍量子通信的基本原理及特点。

5.2.1　量子通信系统模型

　　一个典型的量子通信系统模型包括信源/信宿、量子编解码、量子调制/解调等，如图5.1所示。

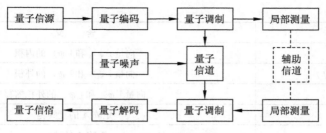

图 5.1　量子通信系统模型

量子信源是指消息的载体，用量子态表示；量子信宿表示的是量子态的消息接收器；量子编码是指用量子态序列的方法来表示消息；量子调制指的是实现量子信号稳定传输而进行的操作，使得携带信息的量子信号特性与量子信道特性匹配；环境对量子态信号的干扰影响构成了量子噪声，常见的量子噪声环境包括了比特翻转和相位翻转信道、去极化信道、幅值阻尼信道、相位阻尼信道等；辅助信道是指为了实现保密的量子通信所引入的辅助或附加的信道、信息等，辅助信道是公开信道，对在其中传输的数据没有特殊的保密性要求，但还是要求对数据的完整性和真实性进行认证，以确保所接收到的辅助消息没有被篡改。由于辅助信道的引入，使得这种量子信道通信模型不能突破经典通信系统的通信距离和速率，但换来的是安全性方面的突出优势。所以，如何提高量子通信距离和速率，并同时保持安全性优势是量子通信领域的研究重点。

1. 量子信息的表示

Hilbert 空间内的一个单位矢量代表一个量子态，即态矢量。可以用一组互相独立正交的基矢来表示空间，互相独立的基矢数目称为空间的维数。态矢量在某个基矢上的分量表示为一个复数乘以该基矢的形式。通常可以用狄拉克符号 $|\psi\rangle$ 表示量子态 ψ，也可以用 n 重复数组（z_1，z_2，$\cdots$，z_n）或者列矩阵来表示态矢量 $|\psi\rangle$。z_1，z_2，$\cdots$，z_n 为复数，分别是 $|\psi\rangle$ 在基 1，2，$\cdots$，n 上的系数，可表示为

$$|\psi\rangle = z_1|1\rangle + z_2|2\rangle + \cdots z_n|n\rangle = \begin{bmatrix} z_1 & z_2 & \cdots & z_n \end{bmatrix}^{\mathrm{T}} \tag{5.1}$$

式中，$|\psi\rangle$ 的对偶量记为 $\langle\psi|$，其表达式是一个行矩阵 $\langle\psi| = \begin{bmatrix} z_1^* & z_2^* & \cdots & z_n^* \end{bmatrix}$。态矢量的自身内积为

$$\langle\psi|\psi\rangle = \begin{bmatrix} z_1^* & z_2^* & \cdots & z_n^* \end{bmatrix} \begin{bmatrix} z_1 & z_2 & \cdots & z_n \end{bmatrix}^{\mathrm{T}} = |z_1|^2 + |z_2|^2 + \cdots + |z_n|^2 \tag{5.2}$$

并且满足 $\langle\psi|\psi\rangle = |z_1|^2 + |z_2|^2 + \cdots + |z_n|^2 = 1$，这是态矢量的各分量系数满足的归一化条件。归一化要求的物理解释为：一个量子态在某个基矢上出现的概率为在该基矢上的系数绝对值的平方，量子态在各基矢上出现的概率之和应等于 1。

常见量子力学符号及含义如表 5.1 所示。

表 5.1　常见量子力学符号及含义

记　号	含　义
z^*	复数 z 的复共轭，$(1+i)^* = 1-i$
$|\psi\rangle$	系统的状态向量（Hilbert 空间中的一个列向量）
$\langle\psi|$	$|\psi\rangle$ 的对偶向量（$|\psi\rangle$ 的转置复共轭）

记　号	含　义
$\langle \varphi \mid \psi \rangle$	向量 $\mid \varphi \rangle$ 和 $\mid \psi \rangle$ 的内积
$\mid \varphi \rangle \otimes \mid \psi \rangle$	向量 $\mid \varphi \rangle$ 和 $\mid \psi \rangle$ 的外积
$\mid \varphi \rangle \mid \psi \rangle$	向量 $\mid \varphi \rangle$ 和 $\mid \psi \rangle$ 的外积缩写
A^{*}	矩阵 A 的复共轭
A^{T}	矩阵 A 的转置
$A^{\dagger}$	矩阵 A 的厄米共轭，$A^{\dagger}=(A^{\mathrm{T}})^{*}$，$\begin{bmatrix} a & b \\ c & d \end{bmatrix}^{\dagger} = \begin{bmatrix} a^{*} & c^{*} \\ b^{*} & d^{*} \end{bmatrix}$
$\langle \varphi \mid A \mid \psi \rangle$	$\mid \varphi \rangle$ 与 $A \mid \psi \rangle$ 的内积，相当于 $A^{\dagger} \mid \varphi \rangle$ 与 $\mid \psi \rangle$ 的内积

2. 量子比特

比特是经典计算和经典信息的基本组成单元。同样，量子信息与量子计算也建立在类似的概念——量子比特的基础上。量子比特包含了基本量子比特、复合量子比特、多进制量子比特 3 种。

（1）单量子比特：由单个量子态构成，类比经典比特有状态 0 或 1，单量子比特两个可能的状态是 $\mid 0 \rangle$ 和 $\mid 1 \rangle$，表示的是 Hilbert 空间里的两个互相正交归一的基矢，与基矢 $\mid 0 \rangle$ 对应的列矩阵是 $[1 \ 0]^{\mathrm{T}}$，与 $\mid 1 \rangle$ 基对应的列矩阵是 $[1 \ 0]^{\mathrm{T}}$；量子比特与经典比特相比还有一个最显著的区别在于量子比特的状态可能落在 $\mid 0 \rangle$ 和 $\mid 1 \rangle$ 之外，即可以是状态的线性组合，称为叠加态（Superposition），形如

$$\mid \varphi \rangle = \alpha \mid 0 \rangle + \beta \mid 1 \rangle \tag{5.3}$$

式中，α 与 β 为复数，并满足 $|\alpha|^{2} + |\beta|^{2} = 1$；$\mid \varphi \rangle$ 也可以表示为列矩阵的形式 $[\alpha \ \beta]^{\mathrm{T}}$。图 5.2 所示为量子比特的 Bloch 球面表示。

量子比特还有一种更直观的几何表示方法，即用如图 5.2 所示的 Bloch 三维球面的某个点表示，用余纬度 θ（Bloch 矢量与 z 轴的夹角）和方位角 ϕ（Bloch 矢量在 xy 平面的投影与 x 轴的夹角）定义为

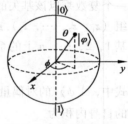

$$\mid \varphi \rangle = \cos \frac{\theta}{2} \mid 0 \rangle + e^{i\phi} \sin \frac{\theta}{2} \mid 1 \rangle \tag{5.4}$$

式中，θ、ϕ 定义了三维球面（即 Bloch 球面）上的一个点，其中 $0 \leqslant \theta \leqslant \pi$，$0 \leqslant \varphi \leqslant \pi$。若 $\theta = 0$，对应于 $\mid \varphi \rangle = \mid 0 \rangle$；$\theta = \pi$，对应于 $\mid \varphi \rangle = \mid 1 \rangle$。

图 5.2　量子比特的 Bloch 球面表示

与单量子比特对应的，有几个重要的量子比特门（也称量子比特算符），如表 5.2 所示，可以使单量子态发生一定的线性变换，这在量子通信中对量子态进行酉变换、对量子态的恢复起着重要的作用。实际上表示单量子比特门的相应矩阵 U 要满足的条件是酉性（Unitary），即满足 $U^{\dagger}U = I$，I 为单位矩阵。

表 5.2　几个重要的量子比特门

名　称	符号表示	矩阵形式
Hadamard 门	— H —	$H = \dfrac{1}{\sqrt{2}} \begin{bmatrix} 1 & 1 \\ 1 & -1 \end{bmatrix}$

射频通信系统

名　　称	符号表示	矩阵形式
Pauli-X 门	—[X]—	$\boldsymbol{\sigma}_x = X = \begin{bmatrix} 0 & 1 \\ 1 & 0 \end{bmatrix}$
Pauli-Y 门	—[Y]—	$\boldsymbol{\sigma}_y = Y = \begin{bmatrix} 0 & -i \\ i & 0 \end{bmatrix}$
Pauli-Z 门	—[Z]—	$\boldsymbol{\sigma}_z = X = \begin{bmatrix} 1 & 0 \\ 0 & -1 \end{bmatrix}$
相位门	—[S]—	$\boldsymbol{R}_k = \begin{bmatrix} 1 & 0 \\ 0 & e^{2\pi i/2k} \end{bmatrix}, \quad (k = 1,\ 2,\ \cdots)$

（2）复合量子比特：由 n 个量子态复合而成，它与经典信息中的码组对应，一般形式可表示为

$$|\varphi\rangle = \alpha_1 |0_n \cdots 0_2 0_1\rangle + \alpha_2 |0_n \cdots 0_2 1_1\rangle + \cdots + \alpha_{2^n} |0_n \cdots 0_{m+1} 1_m \cdots 1_2 1_1\rangle$$
$$+ \cdots + \alpha_{2^n} |1_n \cdots 1_2 1_1\rangle \tag{5.5}$$

式中，$m \leqslant n$，$|a_1|^2$、$|a_2|^2$ 等表示的是处于各个基态的概率。最一般的情况，n 个量子态系统中，其基态形如 $|x_1 x_2 \cdots x_n\rangle$，该系统状态为 2^n 个基态的叠加。

物理上，复合量子比特包含两种情况：纠缠态和直积态。纠缠态粒子的状态是不能分开的，而直积态粒子的状态可以分开。对于任意的两粒子的复合量子系统可以表示为

$$|\varphi\rangle = \alpha_1 |00\rangle + \alpha_2 |01\rangle + \alpha_3 |10\rangle + \alpha_4 |11\rangle \tag{5.6}$$

类似于单量子比特，状态 $|00\rangle$、$|01\rangle$、$|10\rangle$、$|11\rangle$ 出现的概率分别为 $|\alpha_1|^2$、$|\alpha_2|^2$、$|\alpha_3|^2$、$|\alpha_4|^2$，同样满足概率之和等于 1 的归一化条件：$|\alpha_1|^2 + |\alpha_2|^2 + |\alpha_3|^2 + |\alpha_4|^2 = 1$。在量子信息处理及通信中最常用的双量子比特系统包括了 4 个 Bell 态（也称为 EPR 对），可以表示为

$$|\Psi^+\rangle = \frac{\sqrt{2}}{2}(|00\rangle + |11\rangle),\ |\Psi^-\rangle = \frac{\sqrt{2}}{2}(|00\rangle - |11\rangle)$$
$$|\Phi^+\rangle = \frac{\sqrt{2}}{2}(|01\rangle + |10\rangle),\ |\Phi^-\rangle = \frac{\sqrt{2}}{2}(|01\rangle - |10\rangle) \tag{5.7}$$

最典型常用的三量子比特系统包含了 8 个 Green-Horne-Zeilinger（GHZ）三重态，其通式可以表示为

$$|\Psi_{xyz}\rangle = \frac{\sqrt{2}}{2}[|0xy\rangle + (-1)^z |1\,\overline{x}\,\overline{y}\rangle] \tag{5.8}$$

式中，$x,\ y,\ z \in \{0,\ 1\}$，这种状态在很多量子通信和密码方案中被使用过。

（3）多进制量子比特：在经典信息科学领域，除了使用二进制比特的表示方法之外，还常常使用多进制比特，如八进制、十进制、十六进制等。同样，量子信息科学中也定义了多进制量子比特，在这种情况下，量子信息系统的基态由多进制量子比特构成。一般的，q 进制单基量子比特可表示为

$$|\varphi^q\rangle = \alpha_1 |0\rangle + \alpha_2 |1\rangle + \cdots + \alpha_q |q-1\rangle \tag{5.9}$$

式中，$|\alpha_1|^2 + |\alpha_2|^2 + \cdots + |\alpha_q|^2 = 1$。一个常用的三进制量子比特可表示为 $|\varphi^3\rangle = \alpha_1 |0\rangle +$

$\alpha_2 |1\rangle + \alpha_3 |2\rangle$；与二进制复合量子比特类似，也可定义 q 进制复合基量子比特，例如三进制双量子比特可以表示为如下形式

$$|\varphi_2^3\rangle = \alpha_{00}|00\rangle + \alpha_{01}|01\rangle + \alpha_{02}|02\rangle + \alpha_{10}|10\rangle + \alpha_{11}|11\rangle + \tag{5.10}$$
$$\alpha_{12}|12\rangle + \alpha_{20}|20\rangle + \alpha_{21}|21\rangle + \alpha_{22}|22\rangle$$

式中，$\sum_{i=0,j=0}^{2} |\alpha_{ij}|^2 = 1$。

量子比特丰富的物理性质包括了双重性、叠加性、测不准性、不可克隆性、不可区分性、纠缠性、互补性、相干性等，这些性质构成了量子密码和量子保密通信的基础。

5.2.2 量子信道

在量子通信系统中，量子信道扮演着重要的角色，它是指量子信号的实际传输路线；与经典信道类似，信道属性依赖于信道的输入/输出以及描述输入/输出之间关系的条件概率，但是量子信道又受到量子物理特性的约束，以及环境的影响和窃听者的干扰。量子信道可分为理想情况下的酉信道和噪声信道。

1. 酉信道

酉信道如图 5.3（a）所示，输入的量子信号 $|\psi\rangle$ 经过该信道后状态变为 $U|\psi\rangle$，U 表示酉算符，代表的是量子信道环境变量以及将对量子输入信号产生的影响；酉信道之所以被称为理想信道，在于酉算符 U 的逆操作算符 $U^{\dagger}$ 作用于输出态 $U|\psi\rangle$ 将使其恢复到原状态，因为 $UU^{\dagger} = I$，也就是说酉信道里由于信道环境而引起的任何错误都可以用这样简单的方法纠正。

（a）量子酉信道模型   （b）简单的量子噪声信道模型

图 5.3 量子信道模型

2. 噪声信道

简单的量子噪声信道模型如图 5.3（b）所示，其中信道和环境参数都用单一的量子比特表示，$|\hat{e}\rangle$ 表示信道噪声，用受控非（CNOT）门描述噪声对量子信号输入态的影响。当 $|\hat{e}\rangle = |0\rangle$ 时，代表理想信道，当 $|\hat{e}\rangle = |1\rangle$ 时，初态 $|\psi\rangle = |0\rangle$ 将投影到状态 $|1\rangle$，造成比特翻转，即 $|\psi\rangle$ 投影到 $\sigma_x |\psi\rangle$，σ_x 为实现比特翻转的单量子比特门（X 门）算符，其形式见表 5.2。考虑最一般的情况，噪声 $|\hat{e}\rangle$ 有

$$|\hat{e}\rangle = \sqrt{1-P}|0\rangle + \sqrt{P}|1\rangle \tag{5.11}$$

那么输出量子状态可表示为 $|\psi'\rangle = |\psi\rangle \otimes |\hat{e}\rangle$，用密度算子表示为

$$\rho(|\psi'\rangle) = (1-P)\rho(|\psi\rangle) + P\rho(\sigma_x|\psi\rangle) \tag{5.12}$$

在具体的通信模型和方案中，对量子信道有不同的假设和分析，尤其是量子噪声信道涵盖了前面所提到的比特翻转信道、相位翻转信道、去极化信道、幅值阻尼信道、相位阻尼信道等，所以要根据具体情况做具体的分析。

5.2.3 量子密钥分发系统

量子通信通过量子信道传递经典或量子的信息，主要优点是能在合法的通信者之间实现

绝对安全的通信。量子通信在过去的 20 多年中已成为量子信息研究的一个主要内容，具有很好的应用前景。量子密钥分发属于当今量子通信中热门的重要研究内容。

量子密钥分发（Quantum Key Distribution，QKD）以量子力学和量子信息为基础，利用不同于经典密钥分发的通信方式来实现，但是它们的目的是一致的。量子密钥分发主要研究如何利用量子力学和量子信息知识、原理等来构建量子密钥分发方案，研究还包含了密钥分发协议的实现、通信效率和安全性等。量子密钥分发是一个通过量子比特的传输来实现的动态过程：首先产生量子比特串，然后经量子信道发送到需要建立共享密钥的其他用户。为了获得最终密钥，用户需要接收并测量他们收到的量子比特串。量子密钥产生和分发的通信模型如图 5.4 所示，与前面介绍的量子通信系统模型类似，也包括了量子信源、信道、信宿 3 个主要部分。与量子密钥分发对应的 3 个重要量子通信协议，包括 BB84 协议、B92 协议以及 EPR 协议，将在后面的章节进行解释和说明。

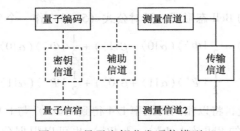

图 5.4　量子密钥分发通信模型

由于量子物理的特性，量子密钥是完全随机的，理论上可以用在任何需要随机数据的领域，例如作为"乱码本"直接用来加密数据，也可以用作可控伪随机源的种子等。目前，量子密钥分发的应用研究主要包括以下几方面：作为新型的密钥分发技术，对经典密钥分发系统进行改进和提高；作为"量子密钥扩展"技术，通过共享短密钥产生新的随机密钥；基于量子密钥分发通信系统，利用量子密钥对信息进行加密并通过经典信道传输。

5.2.4　量子隐形传态

量子隐形传态（Teleportation）是量子物理在信息领域中最惊人的应用之一。例如，即使在发送者 Alice 仅仅发送经典信息给接收者 Bob 的情况下，也可以将量子信息从 Alice 传递给 Bob。下面介绍一个最简单的量子隐形传态的例子。

假设 Alice 有一个处于未知状态的量子比特 $|\varphi\rangle = \alpha|0\rangle + \beta|1\rangle$，她希望只通过一个经典信道将这一量子比特传送给 Bob；当然，这需要 Alice 与 Bob 之间事先共享一对纠缠量子态，该量子态可以是公式（5.7）中的任意 Bell 态，这里以 $|\Phi^+\rangle = 1/\sqrt{2}(|01\rangle + |10\rangle)$ 为例进行说明。$|\Phi^+\rangle$ 可以被称为 EPR 对，Alice 与 Bob 分别拥有 EPR 对中的一个粒子。量子隐形传态的实施量子线路如图 5.5 所示，其中第 1 条线代表要传递的量子比特，第 2 条线为 Alice 拥有的量子比特，第 3 条线是 Bob 的量子比特；Alice 通过探测器 D_0、D_1 所做的测量而得到的两个经典比特信息，来控制 Bob 所要执行的幺正变换 U。

具体的步骤如下：

（1）Alice 让她手中的量子比特 $|\varphi\rangle$ 与她拥有的 EPR 对的一个粒子相互作用，那么 Alice 与 Bob 之间将形成三量子比特态：

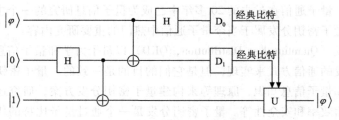

图 5.5　量子隐形传态线路图

$$|\varphi\rangle \otimes |\varPhi^+\rangle = (\alpha|0\rangle + \beta|1\rangle) \otimes \frac{1}{\sqrt{2}}(|01\rangle + |10\rangle)$$

$$= \frac{\alpha}{\sqrt{2}}(|001\rangle + |010\rangle) + \frac{\beta}{\sqrt{2}}(|101\rangle + |110\rangle) \qquad (5.13)$$

结合公式（5.7）中的 Bell 态形式，可对公式（5-13）作一个变换，从而得到

$$|\varphi\rangle \otimes |\varPhi^+\rangle = \frac{1}{2}|\varPhi^+\rangle(\alpha|0\rangle + \beta|1\rangle) + \frac{1}{2}|\varPhi^-\rangle(\alpha|0\rangle - \beta|1\rangle) +$$

$$\frac{1}{2}|\varPsi^+\rangle(\alpha|1\rangle + \beta|0\rangle) + \frac{1}{2}|\varPsi^-\rangle(\alpha|1\rangle - \beta|0\rangle) \qquad (5.14)$$

表示如果 Alice 做 Bell 测量，将以相同的概率 1/4 得到 $|\varPhi^\pm\rangle$ 与 $|\varPsi^\pm\rangle$ 4 个态中的一个。

（2）公式（5.14）中的 Bell 态 $|\varPhi^\pm\rangle$、$|\varPsi^\pm\rangle$ 也可以根据公式（5-8）表示成与经典两比特信息 $xy \in \{0, 1\}$ 对应的形式，通式为 $|B_{xy}\rangle = 1/\sqrt{2}\ [\ |0x\rangle + (-1)^y |1\bar{x}\rangle]$，那么有

$$|\varPsi^+\rangle = |B_{00}\rangle = \frac{1}{\sqrt{2}}(|00\rangle + |11\rangle),\ |\varPsi^-\rangle = |B_{01}\rangle = \frac{1}{\sqrt{2}}(|00\rangle - |11\rangle),$$

$$|\varPhi^+\rangle = |B_{10}\rangle = \frac{1}{\sqrt{2}}(|01\rangle + |10\rangle),\ |\varPhi^-\rangle = |B_{11}\rangle = \frac{1}{\sqrt{2}}(|01\rangle - |10\rangle). \qquad (5.15)$$

Alice 对公式（5.14）中的三粒子量子态进行 Bell 测量后，得到 $|\varPhi^\pm\rangle$ 与 $|\varPsi^\pm\rangle$ 4 个态中的一个，并将其对应的经典信息 {00, 01, 10, 11} 发送给 Bob。

（3）经 Alice 测量之后，Bob 手中的粒子与三粒子量子态解纠缠，形成的单比特量子态与 Alice 的测量结果和 Alice 发送的经典信息有如下对应关系：

$$\{00, |\varPsi^+\rangle\} \mapsto (\alpha|1\rangle + \beta|0\rangle),\ \{01, |\varPsi^-\rangle\} \mapsto (\alpha|1\rangle - \beta|0\rangle)$$
$$\{10, |\varPhi^+\rangle\} \mapsto (\alpha|0\rangle + \beta|1\rangle),\ \{11, |\varPhi^-\rangle\} \mapsto (\alpha|0\rangle - \beta|1\rangle) \qquad (5.16)$$

（4）Bob 根据接收到的两比特经典信息，确定 Alice 的测量结果，并对他手中的量子态执行幺正变换 U 就可以恢复量子态 $|\varphi\rangle$。具体来说，如果 Bob 得到经典信息 00，他将执行操作 $U = \sigma_x$；得到 01，执行操作 $U = i\sigma_y$；得到 10，执行操作 $U = I$；得到 11，执行操作 $U = \sigma_z$，各幺正变换（即西变换）算符见表 5.1。

量子隐形传态实际上是让接收方 Bob 重建初始量子态 $|\varphi\rangle$，而原始的 Alice 手中的量子态塌缩为 $|0\rangle$ 或 $|1\rangle$；未知的量子态 $|\varphi\rangle$ 在一处消失，而在另一处出现。量子隐形传态在许多量子通信、量子编码、量子计算等方案中发挥着重要作用，它是将量子态从一个系统传输到另一个系统的强有力的工具。后面章节将对量子隐形传态在中继通信以及量子网络安全通信中的应用做出详细的分析。

5.2.5　量子密集编码

1992 年，Bennett 和 Wiesner 提出了量子密集编码（Quantum Dense Coding）的思想。量子密集编码即利用量子纠缠传送一个量子比特，可传输两个比特的经典信息。量子密集编码的基本原理如图 5.6 所示。

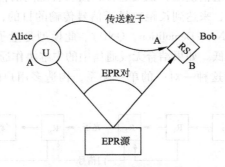

图 5.6　量子密集编码原理图

U—表示酉操作；RS—表示接收方的量子态

假设 Alice 和 Bob 共享了一个 EPR 对，Alice 拥有 A 粒子，Bob 拥有 B 粒子，粒子 A 和 B 处于态

$$|\phi^+\rangle_{AB} = \frac{1}{\sqrt{2}}(|00\rangle_{AB} + |11\rangle_{AB}) \qquad (5.17)$$

Alice 对粒子 A 执行 4 种不同的酉操作 $\{I, \sigma_x, \sigma_z, i\sigma_y\}$（见表 5.2），分别得到：

$$|\phi^+\rangle \xrightarrow{I} \frac{|00\rangle + |11\rangle}{\sqrt{2}} \qquad |\phi^+\rangle \xrightarrow{\sigma_z} \frac{|00\rangle - |11\rangle}{\sqrt{2}}$$
$$|\phi^+\rangle \xrightarrow{\sigma_x} \frac{|10\rangle + |01\rangle}{\sqrt{2}} \qquad |\phi^+\rangle \xrightarrow{i\sigma_y} \frac{|01\rangle - |10\rangle}{\sqrt{2}} \qquad (5.18)$$

这样，Alice 的 4 种酉操作即可分别代表两个比特的经典信息，$\{I, \sigma_x, \sigma_z, i\sigma_y\}$ 分别对应 $\{00, 01, 10, 11\}$。然后，Alice 将粒子 A 发送给 Bob，Bob 对收到的粒子 A 和自己手中的粒子 B 执行 Bell 基联合测量，从而得到 Alice 的操作信息。由于 Alice 仅发送给 Bob 一个粒子而成功地传送了两个比特的经典信息，所以称之为量子密集编码。由于所传送的量子比特处于最大混合态，不携带任何信息，即使窃听者截获此粒子也无法获取 Alice 的操作信息，因此量子密集编码具有很强的保密性。事实上，所有信息均编码在两个粒子之间的关联上，任何局部测量都无法提取该信息。

5.2.6　量子通信网络

随着量子通信的发展，越来越多的学者在量子通信领域提出了很多新思路、新理念、新技术，也将量子通信与应用的结合融入了研究的范畴，也期望量子通信能突破量子物理的局限。今后的量子通信关键技术研究应包括量子随机数生成（QRNG）、可信的量子密钥分发（QKD）、量子中继转发、基于自由空间的量子通信等几方面的内容。在量子通信的应用方面，量子网络的提出让网络的通用性研究迈进了一大步。Kobayashi 等人在 2009 年基于经典网络编码的思想提出了理想的量子网络通信协议；2010 年，Peev 等人在维也纳组建了量子密钥分发网络；Guo 等人也基于 GHZ 态提出了安全的量子网络的密钥分发方案。在考虑量子网络通信新能方面，由于信道噪声很难完全消除，在其中传输的信号将不可避免地产生衰减和损耗，因此为确保信号的远距离稳定传输，进行信号中继是一个很好的选择。最早提出量子中继这个概念的是 Jacobs 的研究小组，他们基于线性光子并以克服信道噪声为目的，提出如图 5.7 所示的类似于量中继转发的通信模型，在发送者和接收者之间的信道中包括了 N 个量子中继器，一级一级转发量子信号，来达到长距离量子信号传输的目的，使用的量子探测方法为非破坏性量子检测（Quantum Non-Demolition，QND）。此模型是量子网络通信的雏形，但是结构单一，中继器的利用率较低。如果结合无线通信中的中继协作通信模型，情况就会好得多，可以突破信源与中继器之间这种一对一的单一关系，构造多用户的量子中继协作通信模型，从而形成网络。

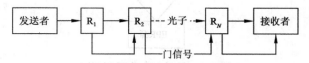

图 5.7　最早的量子中继通信模型

　　参考 Zhao 和 Zhang 在 2005 年和 2007 年提出的多用户中继协作通信模型（见图 5.8），该模型中有一个基站和一个中继（各有 2 根天线），两个用户（各有 1 根天线），采用的是时分双工的模式；用户 1 和用户 2 同时向基站发射数据流 x_1 和 x_2，但是所有的数据流都是通过中继转发的，用户和基站之间没有直接的联系。类似的，量子中继通信模型中，收发的数据流可以用量子序列代替，各个天线可用反光镜代替，其操作可以更改为量子测量，充分利用量子纠缠性，可以将图 5.8 中多用户中继协作通信模型转化为量子通信领域的中继协作通信模型（见图 5.9），其中虚线连接的即为量子纠缠对（EPR 对），E_1、E_2 的操作可以是受控门操作等，M_1、M_2 为测量操作，用户和基站之间的信息传递同样是通过中继转发的。这是从经典中继通信模型到量子中继通信模型的一个理论上的简单推广，为量子网络的构建提供了最基本的原型。

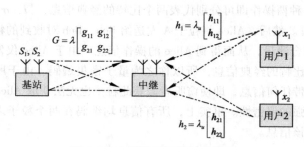

图 5.8　中继协作通信基本模型

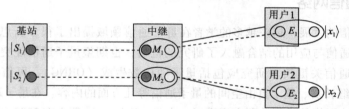

图 5.9　多用户量子中继通信模型

基于量子可信中继，可以构建三节点量子通信网络，如图5.10所示，包括发送方中继节点和接收方。其中中继节点包括：数据中继服务器，网络控制服务器和网络交换机。网络由三台单向量子安全网关和量子可信中继组成。量子可信中继是网络架构中用于拓展安全通信距离的设备，不同的终端节点（量子安全网关）可以通过集控站相连，实现密钥中继，从而延长最大通信距离。量子安全网关是信息安全传递的最终保证者，其实现量子密钥分发和一次一密的加解密功能，并管理各个节点间的生成密钥。位于量子安全网关之上的多种上层运用，比如：实时语音通话，文件加密等，可以通过量子安全网关实现信息的加密/解密，并传送密文信息。量子网关A与量子网关B配合实现量子密钥分发过程。同时，量子网关A对上层运用提供无条件安全的"一次一密"加解密服务。现有的安全通信方式包括：量子电话，文件加密传输，即时信息加密等。

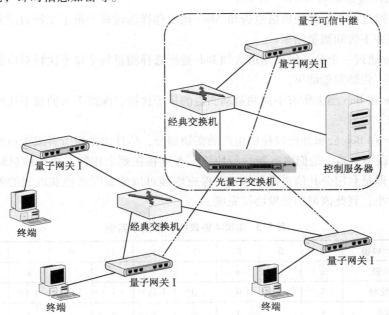

图 5.10 基于可信中继的三节点量子网络通信构架

5.3 量子通信协议

在量子通信领域，许多复杂的量子信息处理过程大多都是基于量子通信基本协议进行改进与扩展。本节主要介绍以下三类量子通信协议：量子密钥分发协议，量子秘密共享协议以及量子匿名通信协议。其中量子密钥分发协议是最基本的量子通信协议，最经典的包括了BB84协议、B92协议以及EPR协议。

5.3.1 量子密钥分发

1. BB84 协议

BB84 协议是 Bennett 和 Brassard 于 1984 年发现的，它需要 4 个态和两个字母表：$|0\rangle$ 和 $|1\rangle$ （z 字母表）、$|+\rangle \equiv |0_x\rangle = 1/\sqrt{2}(|0\rangle + |1\rangle)$ 和 $|-\rangle \equiv |1_x\rangle = 1/\sqrt{2}(|0\rangle - |1\rangle)$ （x 字母

表）。字母表 z 和 x 与 Pauli 算符矩阵 σ_z 和 σ_x 的本征态相联系。表 5.3 给出了一个 BB84 协议的简单实例。BB84 协议的实施步骤可总结为以下几点：

（1）Alice 生成一个由 0 和 1 组成的随机序列，并将其编码为量子比特串：如果是比特 0，则取 $|0\rangle$ 或 $|+\rangle = |0_x\rangle$；如果是比特 1，则取 $|1\rangle$ 或 $|-\rangle = |1_x\rangle$；对于字母表 z 或 x 的选取，Alice 用掷硬币的方式随机确定。

（2）Alice 将她的量子比特串发送给 Bob。

（3）对于收到的量子比特，Bob 随机选取沿 x 轴或 z 轴的测量基进行测量，那么有一半的可能性是 Bob 与 Alice 选择同轴测量基的情况，此时假如没有窃听者或噪声效应的情况下，Alice 与 Bob 拥有同样的测量结果；还有另一半可能性是 Bob 与 Alice 选择不同轴的情况，这时只有 50% 的测量结果与 Alice 一样。

（4）Bob 通过一个公开经典信道告知 Alice 他所选择测量每个量子比特对应的测量的字母表基序列，但并不告知测量结果。

（5）Alice 通过一个公开经典信道告知 Bob 她所选择测量每个量子比特对应的测量字母表基序列，仍然不告知测量结果。

（6）Alice 和 Bob 删去所有不同测量基测量的量子比特，保留下来的量子比特即为他们之间的共享密钥。

（7）Alice 和 Bob 公布并比较他们生产的密钥部分，估计出由窃听者或噪声所造成的错误率 R，如果错误率太高，他们将重新执行协议，否则将在剩余比特上执行信息调整和保密增强；信息调整即是利用公共信道进行纠错，保密增强可以使窃听者能获取到的关于密钥的信息减少到任意小，到此该密钥分发协议完成。

表 5.3　BB84 协议的一个简单实例

Alice 的数据比特值	1	0	0	0	1	1	0	1	0	1
Alice 的字母表	x	z	x	z	x	x	x	z	z	x
传输的量子比特	$\|1_x\rangle$	$\|0\rangle$	$\|0_x\rangle$	$\|0\rangle$	$\|1_x\rangle$	$\|1_x\rangle$	$\|0_x\rangle$	$\|1\rangle$	$\|0\rangle$	$\|1_x\rangle$
Bob 的字母表	x	z	z	x	z	x	z	x	z	z
测量输出	1	0	0	0	0	1	0	0	0	1
Bob 的数据比特值	1	0	0	0	0	1	0	0	0	1
Alice 与 Bob 协商	1	0	0			1			0	
最终生成密钥	10010									

由于外界环境中可能出现攻击，主要包括攻击者 Eve 可能实施的截取重发攻击、透明攻击、集体攻击等策略，因此有必要分析 BB84 协议的安全性。BB84 协议的有效性以测不准原理为基础，对于同一个量子比特，攻击者 Eve 不可能既测量 x 方向的偏振，又测量 z 方向的偏振。例如，如果她对量子比特 $|0_x\rangle$ 进行 σ_z 测量，她得到 0 或 1 的概率是相等的，所以她已经不可逆地弄乱了 Alice 原来所传送的量子态序列。另外，量子比特的不可克隆性保证 Eve 不能确定地分辨非正交量子态，确保攻击者不能截取再发送伪造的量子比特，BB84 协议是无条件安全的。

2. B92 协议

BB84 协议是一个基于四态的协议，信道中传输的量子比特来源由 $|0\rangle$、$|1\rangle$ 或 $|+\rangle$、

$|-\rangle$构成，且量子比特具有正交性。然而，由于 BB84 协议中的量子比特正交性没有起到实质性的作用，在 1992 年 IBM 公司研究人员 Bennett 对其改进，从而提出以两个非正交态为基础的二态协议——B92 协议。它定义了 Hilbert 空间中任意两个非正交量子比特 $|\psi\rangle$ 和 $|\varphi\rangle$（见图 5.11），并且他们的内积满足 $\|\langle\psi|\varphi\rangle\| = \cos 2\theta$，$2\theta$ 是它们之间的夹角（$0\leqslant\theta\leqslant\pi/4$）。以 $|\psi\rangle$ 和 $|\varphi\rangle$ 构造两个非对易投影算符为

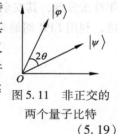

图 5.11　非正交的
两个量子比特

$$P_\psi = 1 - \langle\varphi|\varphi\rangle, P_\varphi = 1 - \langle\psi|\psi\rangle \tag{5.19}$$

P_ψ、P_φ 的作用是将量子比特 $|\psi\rangle$ 和 $|\varphi\rangle$ 分别投影到与 $|\psi\rangle$ 和 $|\varphi\rangle$ 正交的子空间，并且它们具备如下性质：

$$P_\psi|\psi\rangle = |\psi\rangle - |\varphi\rangle\langle\varphi|\psi\rangle, P_\psi|\varphi\rangle = |\varphi\rangle - |\varphi\rangle\langle\varphi|\varphi\rangle = 0,$$
$$P_\varphi|\varphi\rangle = |\varphi\rangle - |\psi\rangle\langle\psi|\varphi\rangle, P_\varphi|\psi\rangle = |\psi\rangle - |\psi\rangle\langle\psi|\psi\rangle = 0. \tag{5.20}$$

B92 协议的执行过程可归纳为如下几个步骤：

（1）Alice 利用二维 Hilbert 空间中两个非正交量子比特 $|\psi\rangle$ 和 $|\varphi\rangle$，制备一串随机的量子比特。

（2）Alice 以固定的时间间隔 $\Delta\tau$，通过量子信道给 Bob 发送量子比特串。

（3）Bob 从算符 P_ψ 或 P_φ 中随机选择投影算符，并作用于他收到的量子比特上。

（4）Bob 通知 Alice 获得确定测量结果是哪些操作，但并不公布测量方式，选取的 P_ψ 或 P_φ 是保密的。

（5）Alice 和 Bob 保留所有获得确定测量结果的量子比特和测量算符，然后放弃其他情况。

（6）检测窃听者，采用与 BB84 协议类似的方法，但利用了对错率 R 不同的估计方法。

（7）与 BB84 协议类似，要进行数据筛选、纠错和增强等。

B92 协议中，对任意量子比特而言能够获得确定测量结果的概率为 1/2，这是由于 Bob 有 P_ψ 或 P_φ 两种可能的测量方式；那么在没有攻击者和噪声影响的条件下，Bob 每次获得确定测量结果为 $|\psi\rangle$ 或 $|\varphi\rangle$ 的概率为

$$P_t = \frac{1 - \|\langle\psi|\varphi\rangle\|^2}{2} = \frac{1}{2}\sin^2(2\theta) \tag{5.21}$$

错误的概率为

$$P_f = 1 - P_t = \frac{1 + \|\langle\psi|\varphi\rangle\|^2}{2} = 1 - \frac{1}{2}\sin^2(2\theta) \tag{5.22}$$

由此可见，理想情况下 B92 协议中的错误率为 $R > 50\%$。B92 协议的特点是根据不同的测量方法，得到的错误率也是不一样的。其安全性也是建立在 Hilbert 空间中任意两个非正交量子比特不能被区分的性质上的，因为任何试图区分行为都将引起量子态的扰动，从而引起最终结果的错误。正如研究表明，由于量子比特 $|\psi\rangle$ 和 $|\varphi\rangle$ 的不可区分性，即使采用了最好的测量方法，出错率仍然大于 17%；那么对于攻击者来说，即便他拥有优秀的资源，采用最先进的观测方式，也不可能将量子比特 $|\psi\rangle$ 和 $|\varphi\rangle$ 区分开，由于量子物理特性和其基本原理的安全性保障，使得 B92 协议与 BB84 协议一样具备无条件安全性。

3. EPR 协议

EPR 协议是采用 EPR 纠缠比特的特性而设计出来的量子密钥分发协议，由 Ekert 在 1991

年首次发现，其安全性由 Bell 理论保证。Bennett 等人在 1993 年对 Ekert 提出的协议进行了改进，利用 EPR 纠缠对的量子关联性保证协议的安全性。EPR 方案示意图如图 5.12 所示。

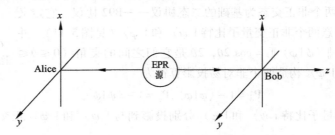

图 5.12　EPR 方案图示

协议的一般实现过程如下：

（1）EPR 源发射一对处于 EPR 态的量子比特（自旋 1/2 的粒子）$|\Phi^-\rangle = 1/\sqrt{2}(|01\rangle - |10\rangle)$，其中一个粒子发送给 Alice，另一个发送给 Bob。

（2）Alice 与 Bob 利用 EPR 对的量子关联性来发现攻击者 Eve 是否截取了传输中的 EPR 粒子：他们先分别确定 3 个方向，$\hat{a}_1$、$\hat{a}_2$、$\hat{a}_3$（Alice）和 $\hat{b}_1$、$\hat{b}_2$、$\hat{b}_3$（Bob），再分别随机选择一个作为测量轴来测量粒子的自旋，把 Alice（Bob）沿 $\hat{a}_i$（$\hat{b}_j$）方向测量自旋得到 ±1 的概率记为 $P_{\pm\pm}(\hat{a}_i, \hat{b}_j)$，那么有关联系数

$$C = \sum_{i,j} E(\hat{a}_i, \hat{b}_j) \tag{5.23}$$

式中的 $E(\hat{a}_i, \hat{b}_j)$ 表达式为

$$E(\hat{a}_i, \hat{b}_j) = P_{++}(\hat{a}_i, \hat{b}_j) + P_{--}(\hat{a}_i, \hat{b}_j) - P_{+-}(\hat{a}_i, \hat{b}_j) - P_{-+}(\hat{a}_i, \hat{b}_j) \tag{5.24}$$

式中，$P_{\pm\pm}(a_i, b_i)$ 表示沿 a_i 方向和 b_i 方向获得结果 ±1 的概率。可以计算得出 EPR 纠缠态的关联系数在无扰动的情况下为 $C = -2\sqrt{2}$。

（3）Alice 和 Bob 通过公共渠道公布每次测量所选的轴，对测量轴选取不同的情况予以公布测量结果，然后他们检查公式（5-23），如果 $C > -2\sqrt{2}$，说明 Eve 攻击了 EPR 对或存在噪声效应，如果未出现这种情况则 $C = -2\sqrt{2}$，Alice 与 Bob 的测量输出结果为他们之间生成的共享密钥。

由于量子比特在传输过程中的不确定性，使得 EPR 协议具有极好的安全性。当且仅当合法参与者对纠缠态粒子测量后，状态才能被确定。即使 Alice 和 Bob 之间的纠缠态被攻击者 Eve 获取，她也不能获得消息，这使得该协议抵御特洛伊木马攻击也有很好的效果，EPR 协议也与 BB84 和 B92 协议一样，具备无条件安全性。

5.3.2　量子秘密共享

量子秘密共享（Quantum Secret Sharing，QSS）是经典秘密共享在量子信息领域的延伸。秘密共享方案通常被称作门限方案。秘密共享的基本思想是发送方（假设为 Dealer）将秘密消息拆分为两部分，并将这两部分分别发送给两个独立的接收方（假设为 Alice 和 Bob），那么 Alice 和 Bob 只有联合起来才能恢复出 Dealer 分发的秘密消息。推广到更一般的情况，一个

(k, n) $(k \leqslant n)$ 门限方案就是将消息分成 n 份（或称作 n 个影子），利用其中任意 k 份便能恢复秘密，但 $(k-1)$ 份或更少的影子则不能。秘密共享的本质在于将秘密以适当的方式拆分，拆分后的每一个份额由不同的参与者管理，单个参与者无法恢复秘密消息，只有若干参与者或全部参与者一同协作才能恢复秘密消息。QSS 是经典秘密共享在量子信息领域的延伸，通常利用量子力学的基本原理来保证秘密共享的安全性。QSS 不仅可以共享经典信息，也可以共享量子信息，它在保护量子安全通信方面扮演着重要的角色，如分布式量子计算的安全操作、辅助量子态共享以及量子货币的联合共享等。最原始的 QSS 是 1999 年 M. Hillery 等利用量子密钥分发技术以及 3-粒子和 4-粒子的 GHZ 量子态技术来实现的，此后研究者设计出了大量的 QSS 方案。而这些研究大多数都将 QSS 用作量子密钥分发。与此同时，另一个重要的概念被提出——结合量子秘密直接通信的秘密共享（QSS-SDC）。与 QKD 不同的是，量子秘密直接通信不需要生成密钥来加密消息，便可以将秘密消息直接传送。例如，基于联合测量（CM）和量子纠缠 Bell 态的多方参与的 QSS 协议；基于 GHZ 态的隐形传态的 (n, n) 门限 QSS，等等。

5.3.3 量子匿名通信

匿名通信是密码学的一个重要分支，它是指通过一定的方法将通信关系加以隐藏，使窃听者无从直接获知或推知通信双方的关系或身份，从而实现对网络用户的个人通信隐私更好的保护。匿名通信是由 Chaum 提出的。在经典密码学中，匿名通信一直受到广泛的重视，因为它在匿名投票协议、电子拍卖以及匿名邮件等协议中扮演着重要的角色。人们在保护传输数据秘密性、完整性和真实性的基础上，越来越关注如何保护通信用户的身份信息，如何保护提供网络服务的用户身份信息，以及如何抵御对用户通信的流量分析，这些都是匿名通信的研究范围。密码学家就餐问题是 David Chaum 在 1988 年提出来的一个发送方或接收方不可追踪的经典匿名通信机制。Boykin 于 2002 年第一次将量子原理引入匿名通信机制。2005 年，Christandl 和 Wehner 定义了匿名量子通信的基本概念，并基于多方纠缠的量子态提出了一个多方参与的量子匿名通信方案。2007 年，Bouda 和 Sprojcar 设计了一个不需要共享信任量子态的公开接收者（或发送者）的量子匿名通信方案。但是 Brassard 和 Tapp 等人指出了 Bouda 的方案的不安全性，他们提出了一个理论上安全的量子匿名通信协议，且该协议不需要提前共享量子态。目前，所有的量子匿名通信协议都利用多量子纠缠态来建立匿名纠缠通信，这些协议在实际应用时，当 n 比较大的情况下，多粒子纠缠态的制备将非常困难，因此，这类协议实现起来既不高效也不经济。所以，目前急需研究如何消耗尽可能少的纠缠量子资源来建立匿名通信系统。

5.4 量子通信发展现状与展望

经过 20 多年的发展，量子通信技术已经从实验室演示走向产业化和实用化，目前正在朝着高速率、远距离、网络化的方向快速发展。由于量子通信是关系到国家信息安全和国防安全的战略性领域，且有可能改变未来信息产业的发展格局，因此成为世界主要发达国家或地区如欧盟、美国、日本等优先发展的信息科技和产业高地。

欧盟于 2008 年发布了《量子信息处理与通信战略报告》，提出了欧洲量子通信的分阶段发展目标，包括实现地面量子通信网络、星地量子通信、空地一体的千公里级量子通信网络等。2008 年 9 月，欧盟发布了关于量子密码的商业白皮书，启动量子通信技术标准化研究，并联合了来自 12 个欧盟国家的 41 个伙伴小组成立了"基于量子密码的安全通信"（SECO-QC）工程，同年在维也纳现场演示了一个基于商业网络的包含 6 个节点的量子通信网络；同时，欧空局正在与来自欧洲、美洲、澳大利亚和日本的多国科学家团队合作开展空间量子实验，计划在国际空间站与地面站之间实现远距离量子通信。美国国防部高级研究计划署（DARPA）和 Los Alamos 国家实验室于 2009 年分别建成了两个多节点量子通信互联网络，并与空军合作进行了基于飞机平台的自由空间量子通信研究；美国国防部支持的"高级研究与发展活动"（ARDA）于 2014 年将量子通信应用拓展到了卫星通信、城域以及远距离光纤网络。日本也提出了量子信息技术长期研究战略，目前年投入 2 亿美元，规划在 5～10 年内建成全国性的高速量子通信网；2010 年，日本 NICT 主导，联合当时欧洲和日本在量子通信技术上开发水平最高的公司和研究机构，在东京建成了 6 节点城域量子通信网络 Tokyo QKD Network，东京网在全网演示了视频通话，并演示网络监控；日本的国家情报通信研究机构（NICT）也启动了一个长期支持计划；日本信息通信研究院计划在 2020 年实现量子中继，到 2040 年建成极限容量、无条件安全的广域光纤与自由空间量子通信网络。

我国政府也高度重视量子通信技术的发展，积极应对激烈的国际竞争，抢占未来信息科技制高点。近年来，在中国科学院、科技部、基金委等部门以及有关国防部门的大力支持下，我国科学家在发展实用量子通信技术方面开展了系统性的深入研究，在产业化预备方面一直处于国际领先水平。2006 年，中国科学技术大学潘建伟团队在有关国防部门的要求下开始开展量子通信装备预先研究项目；2008 年，该团队在合肥市实现了国际上首个全通型量子通信网络，并利用该成果为 60 周年国庆阅兵关键节点间构建了"量子通信热线"，为重要信息的安全传送提供了保障；2009 年，该团队又在世界率先将采用诱骗态方案的量子通信距离突破至 200 km；同年，中国科学技术大学郭光灿团队在芜湖市建成了国际上首个量子政务网；2012 年，潘建伟团队在合肥市建成了世界首个覆盖整个合肥城区的规模化（46 个节点）量子通信网络，标志着大容量的城域量子通信网络技术已经成熟；同年，该团队与新华社合作建设了"金融信息量子通信验证网"，在国际上首次将量子通信网络技术应用于金融信息的安全传输；2012 年底，潘建伟团队的最新型量子通信装备在北京投入常态运行，为国家重要活动提供信息安全保障；2013 年，潘建伟团队又在核心量子通信器件研究上取得重要突破，成功开发了国际上迄今为止最先进的室温通信波段单光子探测器，并利用该单光子探测器在国际上首次实现了测量器件无关的量子通信，成功解决了现实环境中单光子探测系统易被黑客攻击的安全隐患，大大提高了现实量子通信系统的安全性。

就量子通信的研究现状和发展方向来讲，实现量子通信的基本方法和研究热点主要集中在如下几方面：

1. 实用化点对点量子通信

2003 年，美国西北大学黄元瑛博士提出了在量子密码理论实用化上具有革命性的 Decoy-State 思想用以解决光子数分离攻击，但此结果尚不能立即实用于现有真实系统；2005 年，清华大学王向斌教授表明，采用三强度随机切换的诱骗信号量子密码方案可以准确侦察出任何窃听行为，包括所谓的光子数分离攻击，并可立即实用于现有真实系统。这使得量子密钥分发有可能成为整个量子信息领域最先走入社会实用的分支。此后，中国科技大学结合光开关技术，把诱骗态方法用于量子网络，先后实现了 3 节点与 5 节点的量子网络安全通信。迄今为止，基于诱骗态方法的量子密钥分发已经至少获得世界主要研究机构近 20 个公开发表的在不同条件下的实验证实。基于其安全性和实用性，诱骗态方法已经成为当前量子密码走向实际应用的最重要方法。2007 年，我国的科学家团队在国际上率先利用诱骗态手段实现了绝对安全距离超过 100 km 里的量子密钥分发；中国科技大学潘建伟小组又于 2010 年率先实现绝对安全距离达 200 km 的量子密钥分发，为目前国际上绝对安全量子密钥分发最远距离。他们还采用光开关技术，于 2008 年 10 月初完成了诱骗态量子密钥分发的"光量子电话网"。

2. 量子网络通信

诱骗态方法辅以光开关技术之后，还可用以实现量子通信网络。由于没有量子存储器，这种网络的量子密钥分发距离不能超越点对点的量子密钥分发距离，但是网络上的任何两个用户可以通过光开关切换实现量子密钥分发。我国在 2009 年实现了 3 节点的链状量子通信网络，为世界上首个基于诱骗态方案的量子语音通信网络系统，实现了实时网络通话和三方对讲功能，演示了无条件安全的量子通信的可实用化。随后又实现了 5 节点城域量子通信网络，是国际上首个全通型的量子通信网络，各节点全部演示了安全的语音通信。此网络与欧洲 SECOQC 网络以及 Tokyo QKD network 不同，这两个量子通信网络是基于诱骗态方案的成熟技术，追求并逐步实现满足信息论定义下严格安全性要求的实用性，而不是欧洲、美国和日本同行所做的多种技术的混合展示。此外，我国此类小规模的演示性网络还有多节点的城域量子政务网。

3. 量子纠缠与量子通信

作为量子信息处理上最重要的资源之一，量子纠缠在量子保密通信上的应用价值主要有两方面：一是直接基于纠缠分发可以实现共享量子密钥；二是基于量子中继的远程量子通信的基础。传统的量子纠缠态是指一种两光子态的线性叠加态，由于两个光子可以位于空间不同地点，纠缠光子对可以形成不同地域的非经典关联，这种关联性可以直接用于共享密钥。借助于不同地点预先共享纠缠光子对，可以实现量子态隐形传输，这也是基于量子中继的远程量子通信的基础技术，量子纠缠对还可用于一类容错量子保密通信中。

4. 量子中继与远程量子通信及远程量子网络通信

目前采用诱骗态方法的最远实验距离 200 km，尽管随着检测技术的提高，该距离还会进一步提高，但是，由于成码率随着距离呈指数衰减，而单量子态信号又不能在中途放大，因此，基于经典相干态光源的诱骗态方法很难直接完成全球化量子通信任务。远程量子通信的最终实现将依赖于量子中继，其基本思想是在空间建立许多站点，以量子纠缠分发技术先在各相邻站点间建立共享纠缠对，以量子存储技术将纠缠对存储，采用远距离自由空间传输技术实现量子纠缠转换，即增长量子纠缠对的空间分隔距离；如果预先将纠缠对布置在各相邻站点，纠缠转换操作后便可实现次近邻站点间的共享纠缠，继续操作下去，原则上可以实现在很远的两个站点间建立共享纠缠，即实现远距离量子通信。要实现有意义的量子中继，还需要能对量子纠缠态存储，这也是量子中继的最关键技术。2007 年，潘建伟小组提出了具有存储功能并且对信道长度抖动不敏感、误码率低的高效率量子中继器的理论方案；2008 年，该小组利用冷原子气体在国际上首次实现了具有存储和读出功能的量子中继器，建立了由 300 m 光纤连接的两个冷原子系综之间的量子纠缠。2009 年，清华大学小组提出了改进的方案，使得容错量子中继操作甚至无须校验光。

5. 自由空间量子通信

自由空间量子通信是解决光子数信道损耗问题的另一有效途径，研究表明，利用低轨卫星和自由空间纠缠光子分发，通过"量子信号从地面上发射并穿透大气层，卫星接收到量子信号并按需要将其转发到另一特定卫星，量子信号从该特定卫星上再次穿透大气层到达地球某个角落的指定接收地点"的方法，很有希望实现更远距离乃至全球化的量子通信。由于量子信号的携带者光子在外层空间传播时几乎没有损耗，如果能够在技术上实现纠缠光子在穿透整个大气层后仍然存活并保持其纠缠特性，人们就可以在卫星的帮助下实现全球化的量子通信。2005 年的 13 km 自由空间量子纠缠和量子密钥分发和 2010 年的 16 km 远距离自由空间量子态隐形传输实验，2013 年实现的基于浮空平台，利用了多项自动跟踪扫描对准技术的量子密钥分发实验，以及之前的量子纠缠实验为星地量子通信打下了重要基础。

小　结

本章主要介绍量子通信系统的相关知识，量子通信是用量子纠缠效应进行信息传递的一种新型的通信方式，也是信息理论和量子力学相结合的研究新领域。主要内容包括了量子通信系统概述，量子密码通信系统、各类基于纠缠态的量子通信技术简介；量子通信基本原理及特点，量子通信系统模型、量子信道、密钥分发、隐形传态、密集编码、量子通信网络等；量子通信协议，密钥分发协议、秘密共享协议、匿名通信协议等；量子通信发展现状与展望。

思考与练习

1. 简述量子通信技术的发展历程。

2. 简述现有主要的量子通信技术类型及组网方式。

3. 总结量子通信系统的安全机制，并结合知识点论述量子密码的安全性为何要优于传统密码。

4. 量子通信的基本原理及特点是什么？简述常见的量子通信类型。

5. 常见的量子通信协议有哪些？理解并简述 BB84 量子密钥分发协议的基本原理。

参　考　文　献

[1] NIELSEN M, CHUANG I. Quantum computation and quantum information [M]. Cambridge University Press, Cambridge, 2000.

[2] Bennett C H, BRASSARD G. Quantum cryptography：Public-key distribution and coin tossing [M]. IEEE Conf. CSSP, 1984.

[3] EKERT A. Quantum Cryptography Based on Bell's Theorem [M]. Phys. Rev. Lett, Vol. 67, 1991.

[4] BENNETT C. Quantum Cryptography Using any Two Nonorthogonal States [M]. Phys. Rev. Lett, Vol, 1992.

[5] Barnett S M, Phoenix S J. Information-theoretic limits to quantum [M]. Phys. Rev. A, Vol,

1993.

[6] BENNETT C H, BRASSARD G, CREPEAU C, et al. Teleporting an Unknown Quantum State via Dual Classical andEinstein – Podolsky – Rosen Channels [M]. Phys. Rev. Lett., Vol, 1993.

[7] ROSENBERG D, HARRINGTON J. W, RICE R P., et al. Long–Distance Decoy–State Quantum Key Distribution in Optical Fiber [M]. Phys. Rev. Lett, 2007.

[8] DIXON A R, YUAN A L, Dynes J F, et al. Gigahertz decoy quantum key distribution with 1 Mbit/s secure key rate [M]. Optics Express, 2008.

[9] 邵进, 吴令安. 用单光子偏振态的量子密码通信试验 [N]. 量子光学学报, 2006, 1 (1): 41-44.

[10] 周春源, 炅光, 陈修亮, 等. 50 km 光纤中量子保密通信 [G]. 中国科学, 2009, 33 (6) 538-548

[11] GAO F, WEN Q Y, Improving the security of quantum exam against cheating [M]., Phys. Lett, 2007.

[12] CAI Q, et al. The "Ping–Pong" Protocol Can Be Attacked without Eavesdropping [M]. Phys. Rev. Lett, 2003.

[13] GISIN N, et al. Trojan–horse attacks on quantum–key–distribution systems [M]. Phys. Rev, 2006.

[14] GISIN N, THEW R T. Quantum communication technology, Electron [M]. Lett., Vol. 46, No. 14, 2010.

[15] LiX H. Deterministic polarization–entanglement purification using spatial entanglement [M]. Phys. Rev, 2010.

[16] ZHANG Y, LI G, Guo G. Reply to "Comment on 'Quantum key distribution withoutalternative measurements'" [M]. Phys. Rev, 2001.

[17] GAO F, Wen Q Y, Multiparty quantum secret sharing of secure direct communication using teleportation [M]. Chin. Phys, 2008.

[18] GAO F, QIN S. Dense–Coding Attack on Three–Party Quantum Key Distribution [M]. IEEE J. Quant. Electron, 2011.

[19] MICHLER M, WEINFURTER H, ZUKOWSKI M. Experiments towards Falsification of Noncontextual Hidden Variable Theories [M]. Phys. Rev. Lett, 2000.

[20] BOSCHI D, BRANCA S, DE M F, et al, Experimental Realization of Teleporting an Unknown Pure Quantum State via Dual Classical and Einstein–Podolsky–Rosen Channels [M] Phys. Rev. Lett, 1998.

[21] RAIMOND J M, BRUNE M, HAROCHE S. Manipulating quantum entanglement with atoms and photons in a cavity, Rev. Mod. Phys, 2001.

[22] HASEGAWA Y, LOIDL R, BADUREK G, et al, Violation of Bell–like inequity in single–neutron interferometry [M]. Nat, 2003.

[23] VALLONE G, POMARICO E, MATALONI P, et al. Realization and Characterization of a Two–Photon Four–Qubit Linear Custer State [M]. Phys. Rev. Lett, 2007.

[24] CHEN K, LI C M, ZHANG Q, et al. Experimental Realization of One-Way Quantum Compu-ting with Two-Photon Four-Qubit Cluster States [M]. Phys. Rev. Lett, 2007.

[25] BARREIRO J T, WEI T C, KWIAT P G. Beating the Channel capacity limit for linear photonic superdense coding [M]. Nat. Phys, 2008.

[26] BRASK J B, RIGAS I, POLZIK E S, et al. Hybrid Long-Distance Entanglement Distribution Protocol [M]. Phys. Rev. Lett, 2010.

[27] EDO W, Monroe C. Protocol for hybrid entanglement between a trpped atom and a quantum dot [M]. Phys. Rev, 2009.

[28] CHEN L X, SHE W L, Hybrid entanglement swapping of photons: Creating the orbital angular momentum Bell states and Greenberger-Horne-Zeilinger states [M]. Phys. Rev, 2011.

[29] PHOENIX S J D, BAMETT S M, TOWNSEND P D, et al. Multi-user quantum cryptography on optical network [M]. Journal of Modem Optics, 1995.

[30] BIHAM E, HUTTNER B, MOT T. Quantum cryptographic network based on quantum memories [M] Phys. Rev, 1996.

[31] ELLIOTT C. Building the quantum network [M]. New Journal of Physics 2002.

[32] PARITY J G, TAPSTER P R, GORMAN P M, et al. Ground to satellite ecure key exchange u-sing quantum cryptography [M]. New J. Phys, 2002.

[33] ZHU J, ZENG G H, Attenuation of quantum optical signal in stratospheric quantum communica-tion [M]. IEEE ICCCAS Hong Kong Special Administratile Region, 2005.

[34] 周南润, 曾贵华, 龚黎华, 等. 基于纠缠的数据链路层量子通信协议 [N]. 物理学报, 2007, 56 (9): 5066-5070.

[35] WANG S, CHEN W, YIN Z Q, et al. Field test of wavelength-saving quantum key distribution network [M] Opt. Lett, 2010, 35 (14): 2454-2456.

[36] GAO F, GUO F, WEN Q, et al. Comment on "Experimental Demonstration of a Quantum Pro-tocol for Byzantine Agreement and Liar Detection" [M]. Phys. Rev. Lett, 2008.

[37] ZHANG Y, LI G, GUO G. Comment on "Quantum key distribution without alternative measure-ments" [M]. Phys. Rev, 2001.

[38] GAO F, WEN Q, ZHU F. Teleportation attack on the QSDC protocol with a random basis and order [M]. Chin. Phys, 2008.

[39] GAO F, QIN S, GUO F, et al. Dense-coding Attack on Three-Party Quantum Key Distribu-tion Protocols [M]. IEEE J. Quant. Electron, 2011.

[40] HAO L, LI J, LONG G. Eavesdropping in a quantum secret sharing protocol based on Grover algorithm and its solution [M]. China Sci. Phys. Mech. Astron, 2010.

[41] CAI Q, The "Ping-Pong" Protocol can be attacked without Eavesdropping [M]. Phys. Rev. Lett, 2003.

[42] GAO F, WEN Q Y, Gao F, et al. Comment on "Multiparty quantum secret sharing of classical messages based on entanglement swapping" [M]. Phys. Lett, 2007.

[43] GAO F, LIN S, WEN Q Y, et al. Cryptanalysis of multiparty controlled quantum secure direct communicating using Greenberger-Horne-Zeilinger state [M]. Chin. Phys, 2008.

［44］GAO F, QIN S, WEN Q Y, et al. A simple participant attack on the bradler-dusek protocol ［M］. Quantum Inf. Com, 2007.

［45］杜建忠，温巧燕. 具有双向认证功能的量子秘密共享方案 ［N］. 物理学报，2008.

［46］杨威，黄刘生. 无条件安全的量子茫然传送 ［N］. 电子学报，2007.

［47］陈欢欢，李斌庄，镇泉. 量子安全线路评估 ［J］. 中国科学，2004.

［48］施荣华，石金晶，郭迎. 批量代理量子盲签名方案 ［J］. 中国科学，2011（41）：1146-1155.

［49］陈晖，祝世雄，朱甫臣. 量子保密通信引论 ［M］. 北京：北京理工大学出版社，2009.

［50］马瑞霖. 量子密码通信 ［M］. 北京：科学出版社，2006.

［51］曾贵华. 量子密码学，［M］. 北京：科学出版社，2006.

［52］JONES J A, JAKSCH D. Quantum Information, Computation and Communication ［M］. Cambridge University Press, Cambridge, 2012.

［53］GRIFFITHS R B. Quantum Channels, Kraus Operators, POVMs ［M］. 4th ed . ［EB/OL］. (2010). http：//quantum. phys. cmu. edu/QCQI/qitd411. pdf, qitd411.

［54］龙桂鲁，王川，李岩松，等. 量子安全直接通信 ［J］. 中国科学：物理学力学天文学，2011, 41（4）：332-342.

［55］BENENTI G, CASATI G. Principles of Quantum Computationand Information ［M］. Volume I：Basic Concepts, World Scientific Publishing, Co. Pte. Ltd, 2007.

［56］GISIN N, THEW R T. Quantum communication ［J］. Nat. Photonics, 2007（1）：165-171.

［57］KOBAYASHI H, GALL F L, NISHIMURA H, et al. Perfect quantum network communication protocolbased on classical network coding ［M］. Quantum Phys, 2009, 1（8）：1-9.

［58］PEEV M, Poppe A, Maurhart O, et al3. The SECOQC quantum keydistribution network in Vienna. In：ECOC 2009 ［M］. Vienna, Austria, pp, 2009.

［59］GUO Y, SHI R H, ZENG, G H. Secure networking quantum key distribution schemes with Greenberger-Horne-Zeilinger states ［M］. Phys. Scr, 2010.

［60］ZHAO S M, Zheng B Y. Quantum multi-user detection ［M］. In IEEE Proceedings of the Eighth InternationalSymposium on Signal Processing and Its Applications, Vol, 2005.

［61］Zhao S M, ZHENG B Y, Multi-user detection based on quantum square-root measurement ［M］. In IEEEProceedings of the International Conference on Wireless Communications, Networking and MobileComputing, 2007.

［62］黄鹏，刘晔，周南润，等. 基于 PON 网络的安全量子 VPN 方案 ［N］. 电子与信息学报，2009（7）：1758-1762.

[44] CAO F, QIN G Y, et al. A simple participant attack on the bradler-dusek protocol [M]. Quantum Inf. Comp, 2007.

[45] 杜伟韬, 龚光寨. 自由空间远距离量子密钥分发方案 [J]. 量子光学, 2008.

[46] 杨璐, 陈志波. 无条件安全的量子密钥分发 [M]. 电子学报, 2007.

[47] 陈汉武, 李志伟, 朱皖. 量子保密通信新技术 [J]. 计算机科学, 2004.

[48] 施荣华, 石金晶, 郭迎. 量子密码理论与方法 [J]. 中国科学, 2011 (4): 1146-1155.

[49] 温巧燕, 郭奋卓, 朱甫臣. 量子保密通信协议 [M]. 北京: 北京邮电大学出版社, 2009.

[50] 郭光灿. 量子密码基础 [M]. 北京: 科学出版社, 2006.

[51] 曾贵华. 量子密码学 [M]. 北京: 科学出版社, 2006.

[52] JONES J A, JAKSCH D. Quantum Information, Computation and Communication [M]. Cambridge University Press, Cambridge, 2012.

[53] GRIFFITHS R B. Quantum Channels, Kraus Operators, POVMs [M]. 4th ed. [EB/OL]. (2010). http://quantum.phys.cmu.edu/QCQI/qitd411. pdf, qitd411.

[54] 郭光灿, 周正威, 等. 量子信息技术综述 [J]. 中国科学院: 物理学力学天文学, 2011, 41 (4): 332-342.

[55] BENENTI G, CASATI G. Principles of Quantum Computation and Information [M]. Volume I: Basic Concepts. World Scientific Publishing Co. Pte. Ltd, 2007.

[56] GISIN N, THEW R T. Quantum communication [J]. Nat. Photonics 2007(1): 165-171.

[57] KOBAYASHI H, GALL F L, NISHIMURA H, et al. Perfect quantum network communication protocol based on classical network coding [M]. Quantum Phys, 2009, 1 (8): 1-9.

[58] PEEV M, Poppe A, Maurhart O, et al. The SECOQC quantum key-distribution network in Vienna. In: ECOC 2009 [M], Vienna, Austria, pp, 2009.

[59] GUO A, SHI R H, XENO, C H. Secure networking quantum key distribution schemes with Greenberger-Horne-Zeilinger states [M]. Phys. Scr, 2010.

[60] ZHAO S M, Zheng B Y. Quantum multi-user detection [M]. In IEEE, Proceedings of the Eighth International Symposium on Signal Processing and Its Applications, Vol, 2005.

[61] Zhao S M, ZHENG B Y. Multi-user detection based on quantum square-root measurement [M]. In IEEE Proceedings of the International Conference on Wireless Communications, Networking and Mobile Computing, 2007.

[62] 赵生妹, 郑宝玉, 等. 基于 PON 网络结构的量子 VPN 方案 [N]. 电子与信息学报, 2009 (7): 1758-1762.